中国气候宜居城市

——唐风晋韵·锦绣太原

王高芳　卢　昊　荆肖军　主编

气象出版社
China Meteorological Press

内 容 简 介

本书主要利用太原市1979—2022年的气温、降水、湿度、风速、日照、沙尘、霾、强对流等气象观测资料以及近年来的生态环境、林业和旅游等多行业数据，对太原市区的气候宜居禀赋、气候舒适性、生态环境、气候景观、气候风险进行气候及生态特征分析评估。结果表明，太原市冬无严寒，夏无酷暑，四季分明，降水适中，和风舒适，光照充足，区域内地形地貌多样，气候独特，气候宜居禀赋优良，宜居宜业、宜游宜养，2024年1月，荣获“中国气候宜居城市”称号。

图书在版编目（CIP）数据

中国气候宜居城市. 唐风晋韵 : 锦绣太原 / 王高芳，卢昊，荆肖军主编. -- 北京 : 气象出版社，2024. 6.
ISBN 978-7-5029-8222-5

Ⅰ. P468.2

中国国家版本馆CIP数据核字第2024WS4916号

中国气候宜居城市——唐风晋韵·锦绣太原
Zhongguo Qihou Yiju Chengshi——Tang Feng Jin Yun · Jinxiu Taiyuan

---

出版发行：气象出版社
地　　址：北京市海淀区中关村南大街46号　　邮　　编：100081
电　　话：010-68407112（总编室）　010-68408042（发行部）
网　　址：http://www.qxcbs.com　　E - mail：qxcbs@cma.gov.cn
责任编辑：邵　华　张玥滢　　终　　审：张　斌
责任校对：张硕杰　　责任技编：赵相宁
封面设计：楠竹文化
印　　刷：北京建宏印刷有限公司
开　　本：710 mm × 1000 mm　1/16　　印　　张：5.25
字　　数：93千字
版　　次：2024年6月第1版　　印　　次：2024年6月第1次印刷
定　　价：48.00元

中国气候宜居城市——唐风晋韵·锦绣太原

编委会

序

太原市政府坚持以习近平新时代中国特色社会主义思想为指导，深入贯彻落实习近平生态文明思想和习近平总书记考察调研山西重要讲话及重要指示精神，牢固树立和践行“绿水青山就是金山银山”的理念，坚持以“生态优先，绿色发展”为导向，统筹山水林田湖草沙系统治理，坚持治山、治水、治气、治城一体推进，实现人与自然和谐共生，打造绿色美丽宜居省城。

太原市地处山西省中部、晋中盆地北部地区，位于黄土高原之巅，汾河流域两畔，三山环绕、郁郁苍苍，似“一泓碧水穿城过，两岸锦绣入画来”的景象。太原市植被丰富、绿化面积广，园林绿化覆盖率达44.77%，园林绿地率达39.64%，森林覆盖率达24.2%，空气质量持续向好，汾河二库水质达优，太原市区最舒适的时期达4.3个月，出现在5—9月，全年人体感觉舒适以上的时期达6.1个月，主要出现在

4—10 月，占全年天数的 51%。气候度假适宜以上的时期长达 12 个月，全年适合度假旅游。

2024 年 1 月，太原市又获“中国气候宜居城市”之殊荣，此项殊荣不仅提升了知名度、美誉度和影响力，而且对美丽太原和地方经济建设起到很好的推动作用。“中国气候宜居城市”是国家气候标志性品牌之一，依托“中国气候宜居城市”之品牌，凭借太原市优越的气候生态资源，融入历史悠久的文化底蕴，将有助于开发利用气候资源，带动宜居宜业、宜游宜养产业发展，推动美丽太原的生态文明建设和康养旅游蓬勃发展。

山西省气象局党组书记、局长

前言

太原市是山西省的省会，简称并，古称晋阳，别称并州、龙城，素有“锦绣太原城”之美誉。地处山西省中部、晋中盆地北部地区，位于黄土高原之巅，汾河流域两畔，三山环绕、郁郁苍苍，一水中分，汾河——山西的母亲河，孕育出太原城宜人的四季，给太原这方水土留下了丰富的宝藏。

太原市是山西省政治、经济、文化、交通和国际交流中心，是世界闻名的晋商都会，是中国北方军事、文化重地，是中国最重要的能源、重工业基地之一，也是一座历史厚重之城。其文化底蕴深厚，民风淳朴，人才辈出，区位优势明显，交通便利。先后获“中国优秀旅游城市”“国家历史文化名城”“国家园林城市”“全国绿化模范城市”等国字号美誉。

太原市属暖温带大陆性季风气候，冬无严寒，夏无酷暑，四季分明，春秋季温和舒适，夏季夜间清凉，冬季午后温暖，降水适中，风和舒适，光照充足，境内地形地貌多样，气候独特。太原市区年适宜温度日数 131.6 天，年适宜湿度日数

187.6 天，年适宜风日数 332.4 天，全年有 6.1 个月体感舒适，气候度假全年适宜。年平均气温 11.0 ℃，最冷月平均最高气温 2.2 ℃、最热月平均最低气温 19.4 ℃，年平均降水量 434.9 毫米，降雨主要集中在 6—9 月，雨热同季。

太原市区气候生态环境优良，近 3 年空气质量优良率稳步提升；负氧离子浓度较高，空气清新；植被条件好，绿化覆盖率达 44.77%；主要河流湖泊、水库水质优。太原市城区雾凇、雪凇、云雾、霞光等气象风光绚丽，城中山水旖旎，公园遍布，自然和人文景观多彩多姿。近年来，太原以创建气候生态品牌为抓手，以生态品质提升为核心，以绿色低碳为导向，大力提升城市生态环境，彰显了太原宜居宜业、宜养宜游的城市魅力。

2023 年 7 月，受太原市人民政府委托，山西省气象服务中心和太原市气象局共同组织技术人员对太原市气候生态资源进行分析评估，并经过中国气象局国家气候中心专家组论证，太原市于 2024 年 1 月荣获“中国气候宜居城市”之殊荣，此殊荣是国家气候标志品牌之一，标志着太原市气候资源禀赋优越，气候生态环境优良、气候舒适。

本书中的森林覆盖率、空气质量、主要河流湖泊水质的数据得到太原市森林草原防火指挥部、太原市生态环境监测中心、太原市生态环境局等单位的大力支持，特此感谢。

本书编委会

2024 年 2 月

目 录

第1章

太原市区概况

1.1 太原市简介

太原市是山西省的省会，简称并，古称晋阳，别称并州、龙城，素有“锦绣太原城”之美誉。是山西政治、经济、文化中心，也是世界闻名的晋商都会，地处山西省中部、晋中盆地北部地区，位于黄土高原之巅，汾河流域两畔，是一座历史厚重之城，悠久的历史、灿烂的文化，给太原这方水土留下了丰富的宝藏。地理坐标位于北纬 37° 27′ —38° 25′，东经 111° 30′ —113° 09′。太原市区辖尖草坪区、杏花岭区、迎泽区、万柏林区、晋源区、小店区 6 个城区（图 1.1），市区面积 1460 平方千米，总人口 391 万人。

图 1.1　太原市区地理位置（填色区）

1.2 自然地理

太原市是一座拥有 2500 多年建城历史和 4700 多年文化历史的古都，昔有“襟四塞之要冲，控五原之都邑”的美誉。太原市东、西、北三面

图 1.2 太原市“一水中分”景色

环山，中部为汾河河谷平原，黄河的第二大支流——汾河由尖草坪区上兰村自北向南横贯太原市区（图 1.2）。太原市区整体地势北高南低，东西宽 114.25 千米，南北长 107 千米，总面积 1460 平方千米。太原市区地貌类型可分为山地、丘陵、平原、盆地、谷地 5 种。山地和丘陵主要分布在城区东、西和北部，土壤主要为山地褐土；平原、谷地和盆地主要分布在城区中部和南部的汾河流域沿岸，土壤主要为褐土性土。

1.3 生态环境

太原市区自然生态资源众多。太原市三山环绕、郁郁苍苍，一水中分，悠远绵长，汾河——山西的母亲河，孕育出太原城宜人的四季，越上云端，向下俯瞰，纵观南北、跨越东西，城之西南，晋祠、天龙山、龙山、太山、蒙山；城之东南，太原市标志性建筑——永祚寺双塔；城之中心，纯阳宫、崇善寺、文庙、承恩门；城之西北，崛围山、二龙山、汾河二库，这些遗迹胜景在晨光暮色中娓娓诉说。太原汾河两岸如诗如画，美轮美奂，似“一泓碧水穿城过，两岸锦绣入画来”的景象（图 1.3），全程长度约 32 千米，总面积 20 平方千米，蓄水总量约 260 万立方米，水域平均宽度 50 ～ 300 米，两岸景观绿地平均宽度 100 ～ 150 米，草坪、地被植物、水生植物达 600 万平方米，景区范围内各类横跨桥梁 24 座，各类树木花卉 230 余种，鸟类 165 种，汾河公园景区已荣获“国家 4A 级旅游景

图 1.3　太原市汾河湿地公园

区”称号。太原市在《2020 年中国主要城市公园数排行榜》中以 439 个城市公园数量居于榜单第四名，高于北京、上海等一线城市，截至 2021 年 11 月，太原市已建成综合性公园 55 个，专类公园 12 个，带状公园 7 个，社区游园 58 个，街头游园（广场）329 个，同比 2020 年增长了 5%。

太原市区生态旅游资源丰富。太原市秀美的自然风光与人文景观的有机融合，形成了许多闻名遐迩的风景名胜。纯朴的民风和好客的人民，展现出多元的民俗文化和绚丽的人文风情，悠久的历史给太原留下了众多的名胜古迹，市区内有国家 4A 级景区 8 个，3A 级景区 12 个，名山、石窟、寺院、庙宇、湖泊、森林、温泉、溶洞、峡谷、河流、古建筑、古遗址、名人故居、历史文化纪念地、博物馆等旅游资源的丰富以及高品质文物的集中，在国内也是非常少有。

1.4　历史人文

太原市是一座文化薪火相传、豪杰才俊辈出、拥有 4700 多年悠久历史的文化名城和 2500 多年建城历史的古都，历史赋予它富足雄厚的自然、经济、人文环境，孕育了悠久灿烂的龙城文化，也造就了一大批在中国历

史上耀眼夺目的文人才俊。唐代边塞诗人王昌龄、王之涣，新乐府运动的领军人物白居易，唐朝名相狄仁杰，明朝著名政治家军事家王琼，小说家罗贯中，明清时期著名思想家、书画家、医学家傅山先生，春秋时期孔子为之回车的晋国大夫窦犨，还有元好问、阎若璩等都是太原灿烂文化的代表人物，为中华文明增添了一页页不朽的篇章。

太原文化底蕴丰厚，民风淳朴，独具三晋文化特色的非物质文化遗产极为丰富。拥有全国重点文物保护单位 38 处，省级文物保护单位 28 处，市级文物保护单位 143 处。4A 级景区“晋祠”系古典园林，其中宋代的建筑和塑像尤为珍贵，称得上是华夏文化的一颗璀璨明珠（图 1.4）；建于明代的永祚寺，其凌霄双塔是太原市的标志，是我国双塔建筑的杰出代表；天龙山佛教石窟，其石雕像为中原地区罕见佳作，是我国最大的佛教石窟，被专家认定为世界之最；此

图 1.4　太原市晋祠景区

外还有太原古县城、纯阳宫、崇善寺、窦大夫祠等众多寺院、古建筑、名人故居、历史文化纪念地等丰富的人文旅游资源。

1.5 经济概况

太原市是全省的经济、政治、教育、交通中心，自古以来就是中国北方著名的军事、文化重地，是中国最重要的能源、重工业基地之一，是世界闻名的晋商都会。太原市人民政府坚持稳中求进的工作总基调，主动服务和融入新发展格局，着力推动高质量发展，把实施扩大内需战略同深化供给侧结构性改革有机结合起来，做强两大引擎，着力强化三产协同，按照“稳一产、强二产、优三产”的思路全面推进经济发展。2022 年，面对严峻的疫情防控形势和艰巨的改革发展任务，全市各项主要经济指标实现正增长并处于全省领先，全市实现地区生产总值 4008.14 亿元，人均地区生产总值 102922 元。

1.6 交通便利

太原市是华北地区重要的交通枢纽之一，太原武宿机场是距离市中心

图 1.5　水韵龙城，锦绣太原

最近的机场之一，距太原南站只有 4.6 千米，距太原火车站 12 千米，铁路运输四通八达，辐射周边北京、石家庄、郑州、西安四大城市，形成约 1.5 ～ 3.5 小时的经济圈。高速公路向四周辐射，太原市已形成“一环、七射”的高速公路网格局，总里程达到 286.9 千米，交通枢纽发达便利。

1.7　城市名片

太原市区宜居宜业，宜游宜养，素有“锦绣太原城”之美誉（图 1.5），因其独特的气候资源和优越的生态环境，2024 年 1 月，获评“中国气候宜居城市”的称号。曾先后获中国优秀旅游城市、国家历史文化名城、全国绿化模范城市、国家园林城市、中部地区重要的中心城市等美誉，更是国家生态安全战略格局“两屏三带”重要生态修复带上唯一的省会城市。

近些年太原获得的城市荣誉主要有：2000 年获中国优秀旅游城市，2010 年获国家园林城市，2011 年获国家历史文化名城，2012 年获中国特色魅力城市，2015 年获中国最具幸福感城市第二名、“2015 中国避暑名城 65 佳榜”第 20 名，2017 年获中国特色魅力城市 200 强，2018 年获畅游中国 100 城、全国绿化模范单位，2019 年获中国美丽城市、中国最具竞争力会展城市、质量魅力城市，2020 年获中国国家旅游年度臻选旅游城市、中国避暑名城榜第 18 名，2021 年获全国美好城市前十名，2022 年获暑期游十大热门城市、城市便利店指数榜第二名，2023 年获中国避暑旅游城市、全国法治政府建设示范市，连续 13 年 26 届获全国无偿献血先进城市，连续 9 年获全国双拥模范城市。

第2章

气候宜居禀赋

2.1 气温

2.1.1 年平均气温

1979—2022 年，太原市区年平均气温为 11.0 ℃，最高年平均气温为 12.0 ℃（1999 年），最低年平均气温为 9.0 ℃（1984 年）；年平均最高气温 17.9 ℃，最高年最高气温为 19.0 ℃（2019 年），最低年最高气温为 15.8 ℃(1984 年)；年平均最低气温 5.4 ℃，最高年最低气温为 6.5 ℃(2006 年)，最低年最低气温为 2.9 ℃（1984 年）。从空间分布上看，太原市区年平均气温、年平均最高气温和年平均最低气温均总体呈西低东高的分布特征；西部平均气温为 7.94 ～ 12.09 ℃，平均最高气温为 13.62 ～ 18.77 ℃，平均最低气温为 1.78 ～ 7.64 ℃；东部平均气温为 10.71 ～ 13.47 ℃，平均最高气温为 17.48 ～ 20.05 ℃，平均最低气温为 6.17 ～ 9.10 ℃（图 2.1）。

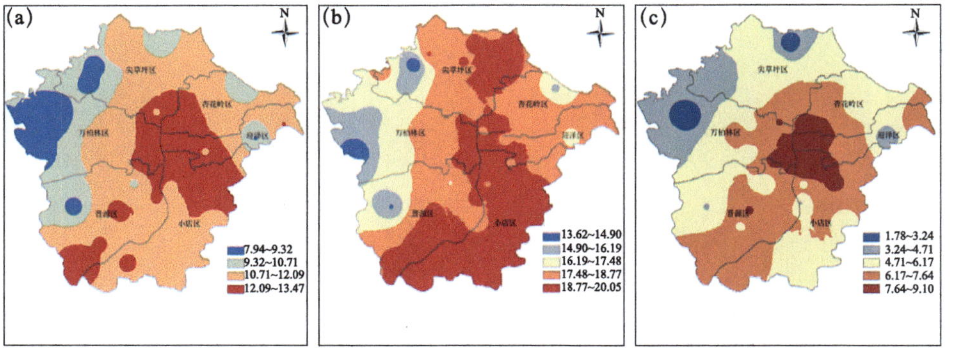

图 2.1 太原市区年平均气温（a）、年平均最高气温（b）、年平均最低气温（c）空间分布图（单位：℃）

2.1.2 季平均气温

春、夏、秋、冬四季采用气象学意义上的划分标准，即 3—5 月为春季，6—8 月为夏季，9—11 月为秋季，12 月—次年 2 月为冬季。太原市区春季平均气温为 12.7 ℃、平均最高气温为 20.1 ℃、平均最低气温为 5.9 ℃；夏季平均气温为 23.3 ℃、平均最高气温为 29.6 ℃、平均最低气温为 18.0 ℃；秋季平均气温为 10.5 ℃、平均最高气温为 17.4 ℃、平均最低气温为 5.2 ℃；冬季平均气温为 −2.8 ℃、平均最高气温为 4.1 ℃、平均最低气温为 −8.1 ℃（图 2.2）。

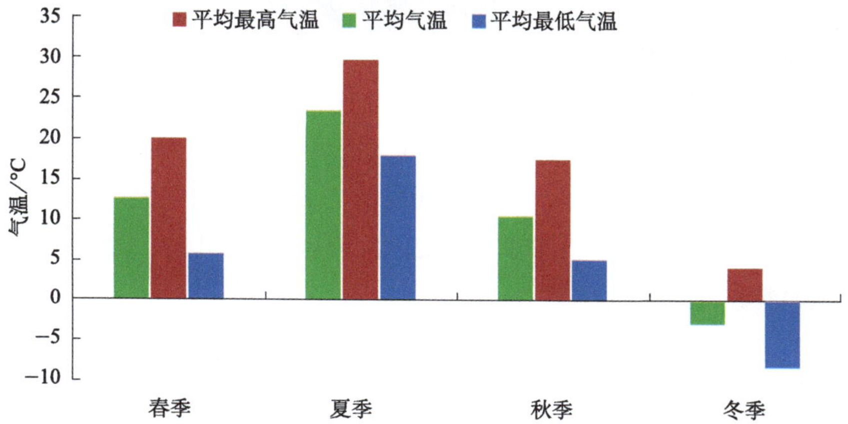

图 2.2　太原市区四季气温

2.1.3　7 月和 1 月平均气温

从气温的年内变化看，太原市区 1—7 月气温逐月升高，8—12 月逐月降低。最热月份为 7 月，月平均气温为 24.4 ℃、平均最高气温为 30.5 ℃、平均最低气温为 19.4 ℃；最冷月份为 1 月，月平均气温为 −4.6 ℃、平均最高气温为 2.2 ℃、平均最低气温为 −9.9 ℃（图 2.3）。

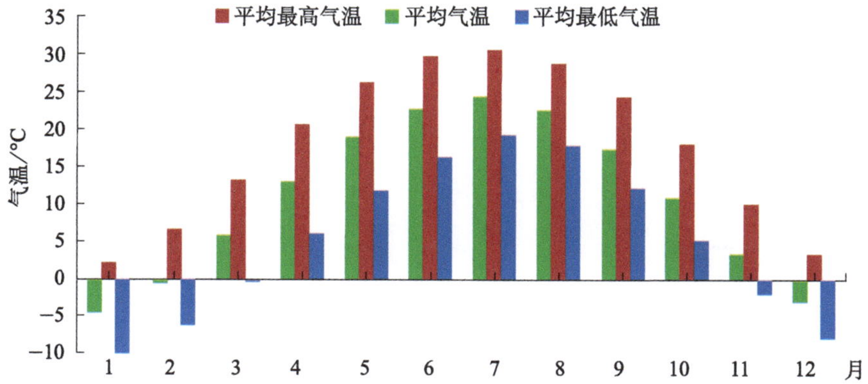

图 2.3　太原市区气温逐月变化

冬季午后温暖。太原固定时段的冬季平均气温为 -2.8 ℃，仅 1 月气温较低，为 -4.5 ℃，2 月达 -0.6 ℃；1979—2022 年，有 89% 的年份 1 月平均最高气温在 0 ℃以上，其中有 14 年超过 3 ℃。从历年 1 月的逐日气温来看，超过 71% 的天数日平均最高气温在 0 ℃以上，5 ℃以上的占 24%，甚至有 24 天超过 10 ℃。

夏季夜间清凉。太原固定时段的夏季平均气温为 23.3 ℃，6—8 月各月的平均气温都低于 25 ℃，平均最低气温都低于 20 ℃。从 1979—2022 年 6—8 月的逐日气温来看，日平均气温低于 25 ℃的占比达 76%；夜间气温（日最低气温）低于 20 ℃的占比达到 79%。由此可见，太原市城区夏季气温凉爽，尤其是夜间更为舒适。

2.1.4 气温日变化

太原市区气温日变化（即气温日较差）大，年平均气温日较差为 12.5 ℃，1979—2022 年，有 86% 的年份超过 12 ℃，最大年份气温日较差为 14.0 ℃（2019 年）。四季中，春季气温日较差最大（14.2 ℃），其次为冬季和秋季（均为 12.2 ℃），夏季气温日较差相对较小（11.7 ℃）。从逐月变化看，3—6 月气温日较差较大，均超过 13.0 ℃，其中 4 月最大，为 14.5 ℃；8 月气温日较差最小，为 10.7 ℃（图 2.4）。

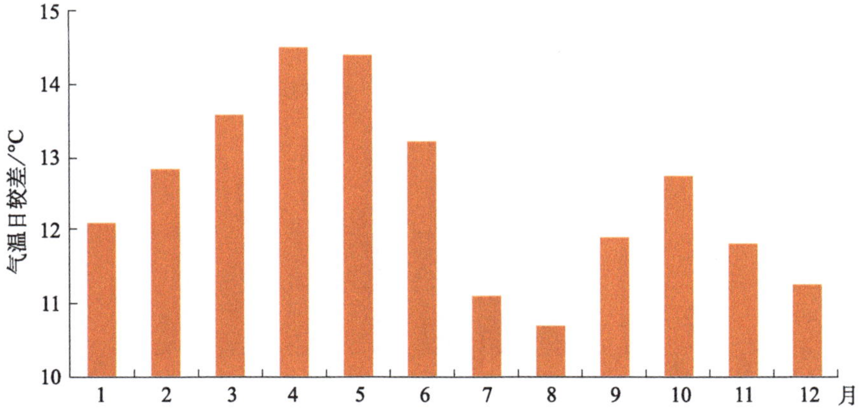

图 2.4　太原市区逐月平均气温日较差

2.1.5 适宜温度日数

太原市区年适宜温度（15 ℃≤日平均气温≤25 ℃）日数为131.6天，占全年的36%。1979—2022年，有25年（占57%）适宜温度日数在130天以上，最多年达148.7天（1998年）。四季中，夏季适宜温度日数最多，为66.4天，其次是春季（38.0天）和秋季（27.2天）。全年有6个月适宜温度日数超过10天，其中5—6月和8—9月超过23天，5月适宜温度日数最多，达26.8天（图2.5）。

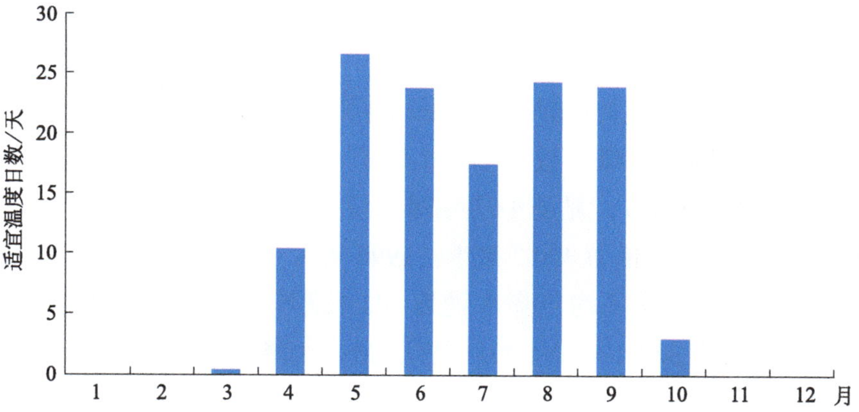

图2.5 太原市区逐月适宜温度日数

2.1.6 春、秋季总日数

从气候季节划分来看，太原属于四季分明区。按国家标准《气候季节划分》（GB/T 42074—2022），太原常年春季开始日期为4月4日，结束日期为6月11日，长度达69天；6月12日入夏，8月21日夏季结束，长度达71天；常年秋季开始日期为8月22日，结束日期为10月22日，长度达62天；常年冬季开始日期为10月23日，次年4月3日结束，长度达163天。太原春、秋季总日数为131天，占全年的36%。

2.2 降水

2.2.1 年平均降水量

降水适中。太原市区平均年降水量为434.9毫米，1979—2022年，降水量最多年（626.7毫米，2021年）是最少年（241.2毫米，1997年）的2.6倍。

2.2.2 季节降水量

夏雨多冬雪少。太原市区春季平均年降水量为64.0毫米，占年降水量的14.7%，最多年降水量为182.0毫米（1991年），最少年降水量为10.3毫米（2000年）；夏季平均年降水量为258.6毫米，占年降水量的59.5%，最多年降水量为490.2毫米（1996年），最少年降水量为124.8毫米（1997年）；秋季平均年降水量为102.4毫米，占年降水量的23.6%，最多年降水量为322.7毫米（2021年），最少年降水量为25.2毫米（1988年）；冬季平均年降水量为10.5毫米，占年降水量的2.4%，2002/2003年冬季降水量最多，为31.4毫米，1982/1983年冬季降水量最少，为1.2毫米，1998/1999年冬季没有降水（图2.6）。太原市区降水年际变化小，年降水量变差系数为0.21。

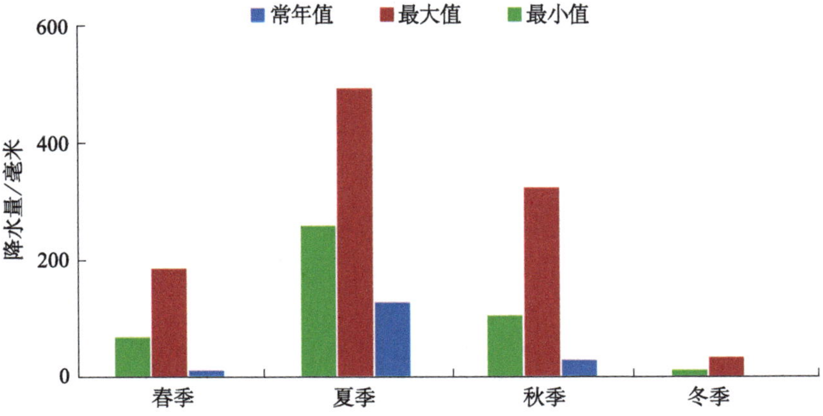

图2.6　太原市区四季降水量

夏季和初秋降雨集中。太原市区降水主要集中在6—9月，各月降水量均在40毫米以上，7月降水量最多，为106.3毫米，其次是8月（103.0毫米）。1—2月和12月降水量在10毫米以下，其中12月降水量最少，为2.3毫米（图2.7）。

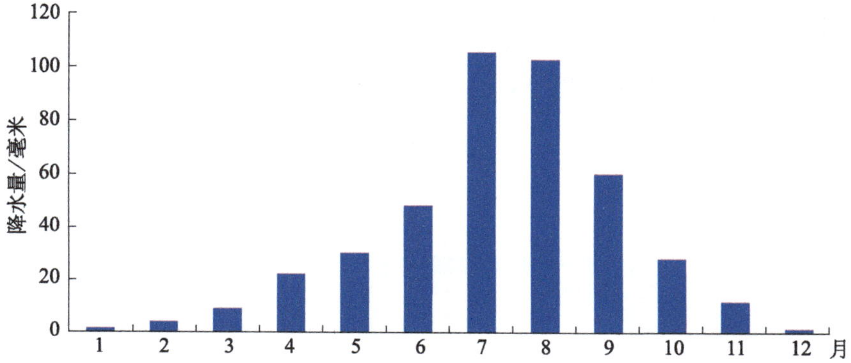

图2.7　太原市区逐月平均降水量

夏季和秋季雨日多。太原市区年降水日数为69.6天，最多年降水日数为92.3天（1990年、2003年），最少年降水日数为45.3天（1997年）。春季，太原市区降水日数为14.6天，占年降水日数的20.9%；夏季降水日数为32.3天，占比46.4%；秋季降水日数为17.0天，占比24.5%；冬季降水日数为5.7天，占比8.1%（图2.8）。7月和8月降水日数较多，均超过11天，1月和12月较少，均在2天以下。

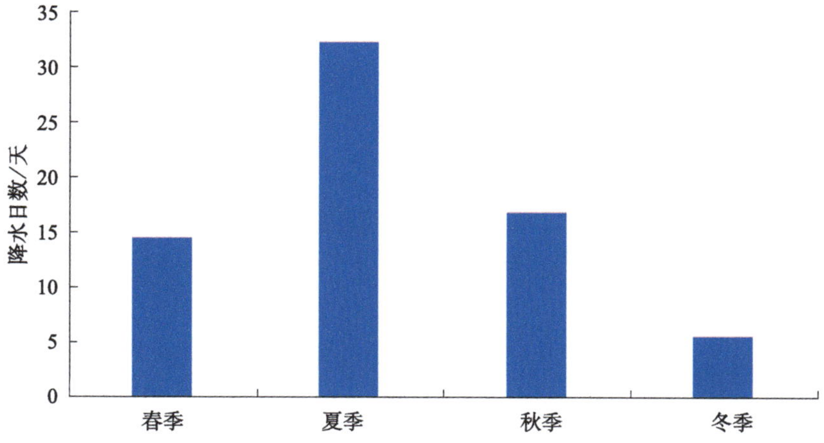

图2.8　太原市区四季降水日数

2.2.3 适宜降水日数

适宜降水日数较多。太原市区年适宜降水（0.1 毫米 ≤ 日降水量 ＜10.0 毫米）日数为 56.4 天；1979—2022 年，年适宜降水日数最多达 78.7 天（1990 年），最少为 37.3 天（1997 年）。6—8 月适宜降水日数都在 7 天以上，其中 6 月和 7 月最多，均为 8.3 天；1 月和 12 月适宜降水日数相对较少，均少于 2 天（图 2.9）。

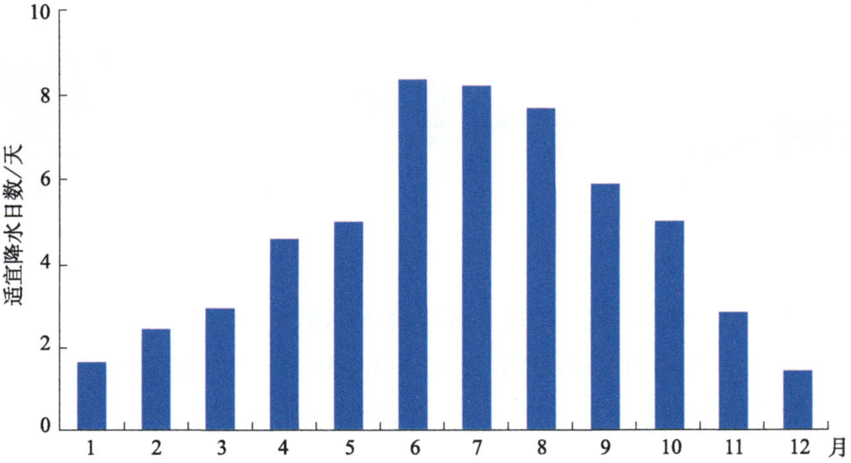

图 2.9 太原市区逐月适宜降水日数

2.3 湿度

2.3.1 年平均相对湿度

湿度适中。太原市区年平均相对湿度为 55.1%，2003 年最大，为 64.3%；1999 年最小，为 50.9%。

2.3.2 季平均相对湿度

太原市城区夏季（64.6%）和秋季（63.7%）相对湿度较大，均在 60%

以上，冬季（48.1%）和春季（43.9%）相对较小。7—10月相对湿度较大，均高于60%，其中8月相对湿度最大，为70.8%；1—5月相对湿度较小，均低于50%，其中3月相对湿度最小，为42.6%（图2.10）。

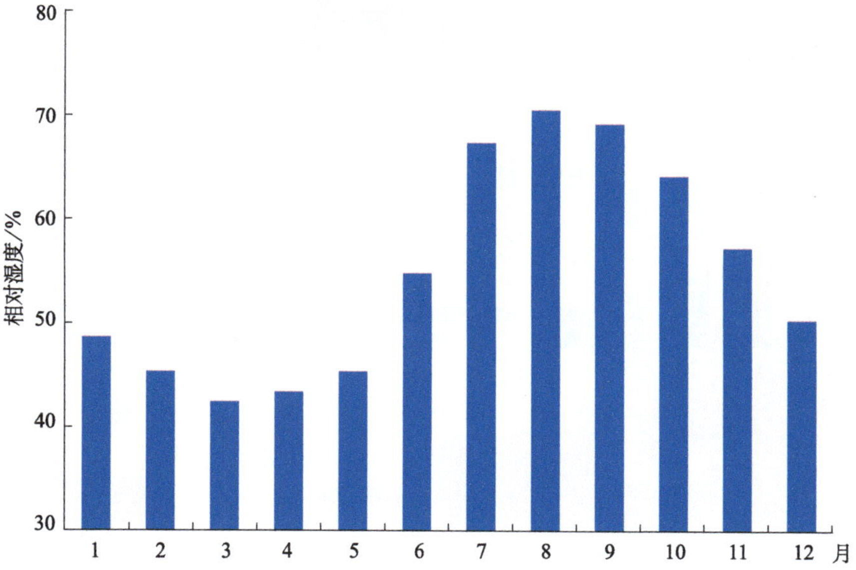

图2.10 太原市城区逐月平均相对湿度

2.3.3 年适宜湿度日数较多

年适宜湿度日数较多。太原市区年适宜湿度（50%≤日平均相对湿度≤80%）日数为187.6天，占全年天数的51%；1979—2022年中，有22年（占50%）适宜湿度日数在190天以上，其中11年超过200天，最高适宜湿度年达244.7天（2003年）。太原市区夏季适宜湿度日数最多，达64.7天，其次为秋季（59.8天），冬季（34.7天）和春季（28.1天）适宜湿度日数相对较少。逐月来看，6—11月适宜湿度日数较多，均在16天以上，其中8月最多，达24.0天；2—4月相对较少，但也在9天左右（图2.11）。

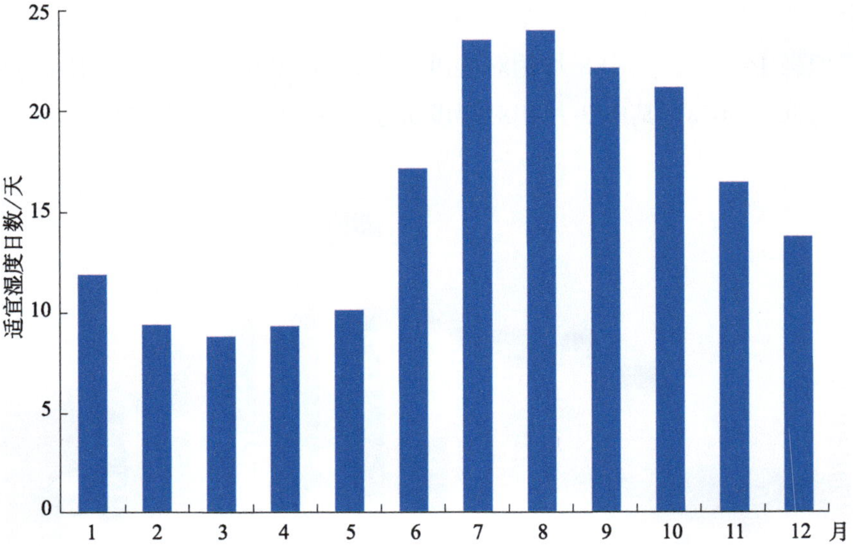

图 2.11　太原市区逐月适宜湿度日数

2.4　风速

2.4.1　年平均风速

风和舒适。太原市区年平均风速为 1.64 米 / 秒，1979—2022 年，最大平均风速为 2.45 米 / 秒（1979 年），最小平均风速为 1.31 米 / 秒（2003 年）。

2.4.2　季平均风速

太原市区春季风速最大，为 2.10 米 /秒，其次为冬季（1.59 米 / 秒）和夏季（1.52 米 / 秒），秋季平均风速最小（1.36 米 / 秒）。全年各月风速在 1.2 ～ 2.1 米 / 秒，其中 3—5 月平均风速超过 2.0 米 / 秒。4 月平均风速最大，为 2.19 米 / 秒；9 月平均风速最小，为 1.29 米 / 秒（图 2.12）。

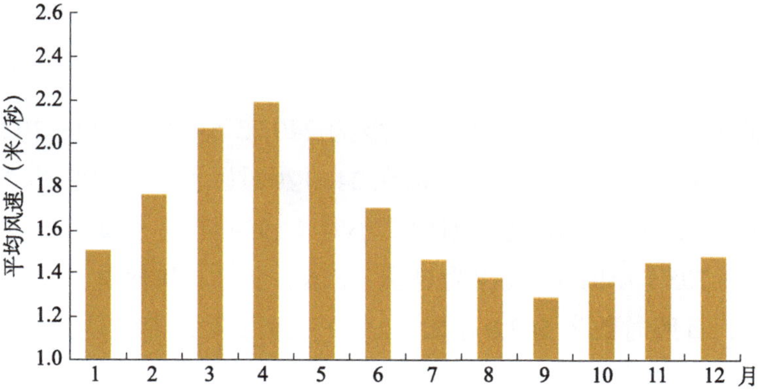

图 2.12　太原市区逐月平均风速

2.4.3　年适宜风日数

适宜风日数多。太原市区年适宜风（0.3米 / 秒 ≤ 日平均风速≤3.3米 / 秒）日数达 332.4 天，占全年的 91%。1979—2022 年中，有 29 年（占 66%）适宜风日数在 320 天以上，2012 年适宜风日数最多，达 359.3 天，日数最少的年份也有 295.3 天（1979 年）。太原四季适宜风日数均较多且差异较小，夏季最多，达 87.7 天，其次为秋季（84.2 天），冬季（80.7 天）和春季（80.0 天）适宜风日数相对较少，但也均在 80 天及以上。各月适宜风日数均在 25 天以上，其中 8 月最多，为 29.8 天；适宜风日数最少的 2 月也有 25.5 天（图 2.13）。

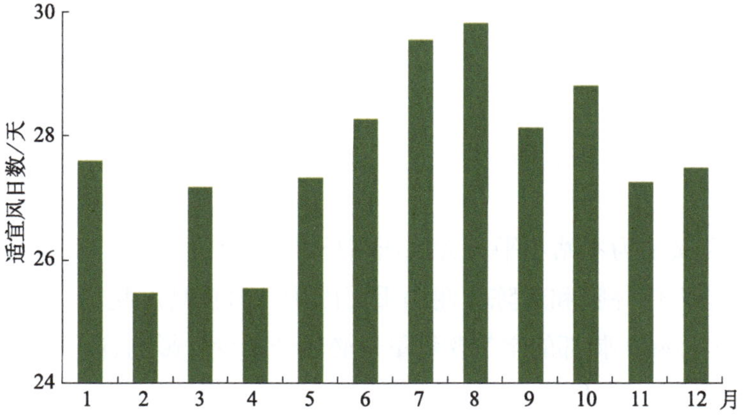

图 2.13　太原市区逐月适宜风日数

2.5 日照

日照充足。太原市区年日照时数为2407.2小时，1979—2022年中，有一半的年份（22年）日照时数都在2400小时以上，最多年达2816.9小时（2020年），最少年份也有2164.7小时（1996年）。太原市区春季日照时数最多（705.1小时），其次为夏季（656.7小时）和秋季（544.4小时），冬季最少，日照时数为503.0小时。1979—2022年，即使是在日照时数最少的冬季，太原市区也有43%的年份（19年）日照时数超过500小时，且最多年达597.1小时（2020/2021年）。各月中，3—8月日照时数均超过200小时，其中5月最多，达258.9小时；1月和11月、12月相对较少，但也都在165小时左右（图2.14）。

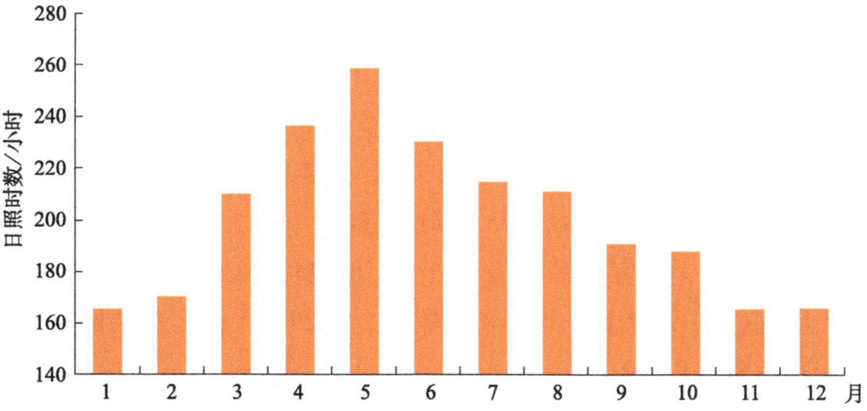

图2.14 太原市区逐月平均日照时数

2.6 大气含氧量

大气含氧量为本站年平均大气压与标准大气压之比。

氧气是人体呼吸和新陈代谢的重要因子，海拔高度越高，大气的含氧量越少，人体吸入肺部的空气含氧量也必然会减少，影响着人的身体健康。

含氧量高。太原市区年平均气压为925.8百帕，平均含氧量可达91.4%，大气含氧量高，对人体的健康非常有利。

第3章

气候生态环境

3.1 大气环境良好，负氧离子浓度高

大气自净能力良好。大气环境的自净能力受温度层结、风向、风速、湿度、地表性质等影响。大气环境本身具有自净能力，可以使大气污染物稀释和清除。大气自净指数越大，表示大气对污染物的清除能力越强；大气自净指数越小，表示大气自净能力越差。2018—2022 年，太原市年平均大气自净能力为 2.91 吨 /（天 · 千米 ^{2}），大气自净能力良好。

空气质量达标率持续向好。太原市 2018—2022 年环境空气质量平均优良率为 59.4%，监测数据显示，2018—2022 年，太原市空气质量逐年持续提高，从 2018 年的 47.8% 增长到 2022 年的 68.2%，持续向好发展（图 3.1）。

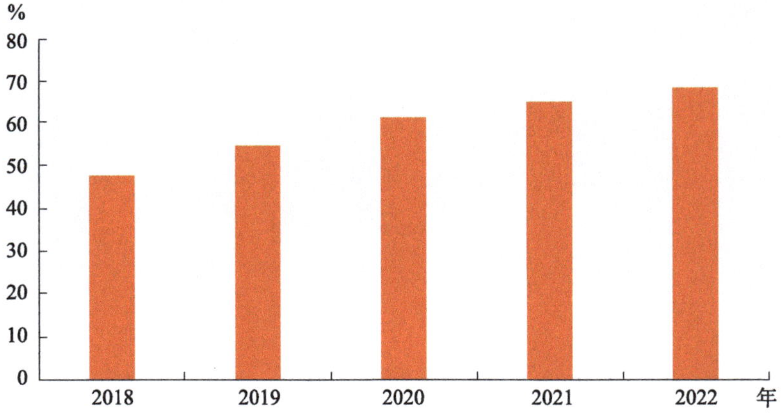

图 3.1　2018—2022 年太原市区空气质量优良率

负氧离子平均浓度高。负氧离子浓度是评价生态环境质量的重要指标之一，负氧离子在空气净化、城市小气候、人体生理机能等方面有调节作用。森林和湿地是产生空气负（氧）离子的重要场所，其浓度水平是城市空气质量评价的指标之一，负氧离子含量越高，代表空气越好，对人体健康越有益。2018—2022 年，太原市晋祠公园负氧离子监测站观测结果显示，负氧离子平均浓度达 1239 个 / 厘米 ^{3}，空气清新，对人体健康非常有利。

3.2 植被丰富，绿化面积广

太原市东、西、北三面环山，郁郁苍苍，一水中分，悠远绵长。太原市西南，依山傍水，蒙山、太山、龙山、天龙山、悬瓮山五山聚秀，文脉悠长，森林覆盖率不断提高，由原来的16.75%增长到26.33%，已初步形成了春季繁花烂漫、夏季绿树成荫、秋季红叶绚烂、冬季松柏苍翠的四季景观特色。

太原市东山以乡土树种为主体的乔灌搭配的森林覆盖率在园区达到了82.3%以上，有柳园、梅园、桃园、百花园、松柏园、槐香园6个园林景点，如散落在园区的珍珠，串起一道美丽的风景，槐香园气势恢宏，龙脉蕴藏；松柏园青翠欲滴，林涛泛起；百花园巧夺天工，风景独好；小桃园别致玲珑，意趣横生；梅花园长亭横卧，风情仅有；柳园里雅韵透渗，情丝顿生。6个园林景区，巧借地貌特征，尽显鬼斧神工，成为游客休闲游憩的佳境。

太原市西山有万亩生态园、九院狼坡、桃花沟生态旅游景区，玉泉山、崛围山、长风城郊森林公园、玉泉山森林公园等生态旅游线路，通过大规模大面积地实施崛围增红造林，营造恢宏大气、具有震撼效果的崛围红叶景观，叫响崛围红叶这个品牌，打造西山特色地标，呈现出西山一年四季轮回的满山红遍、北山郁郁葱葱的美丽景象。

截至2022年，太原市园林绿化覆盖面积16117.2公顷，绿化覆盖率44.77%；园林绿地面积14 270.4公顷，绿地率39.64%；公园绿地面积5487.22公顷，人均公园绿地面积12.75平方米；城区内古树名木1377株。2018—2022年，全市新建了太原植物园、汾河公园三期和四期、双塔公园、摄乐公园等19个综合性公园，对市内河道进行了综合治理，完成了河道路快速化改造景观绿化工程，城区森林覆盖率达24.2%。太原市在《2020年中国主要城市公园数排行榜》中以439个城市公园数量居于榜单第四名，高于北京、上海等一线城市，截至2021年11月，太原市已建成综合性公园55个，专类公园12个，带状公园7个，社区游园58个，街头游园（广场）329个，同比2020年增长了5%。

3.3 水环境好，主要河流湖泊水库水质优

太原市晋源区地表水与地下水储量丰富，是北方城市中的富水区。按水源分类：地表清水 3700 万立方米，占总量的 62.43%；地下水 1900 万立方米，占总量的 37.57%。

人均占有水资源量改善。根据《太原市水资源公报》公布的数据，太原市 2020—2022 年人均占有水资源量为 173 立方米（表 3.1）。2021 年以来，太原市区人均占有水资源量较 2020 年有显著提升。

表 3.1 太原市 2020—2022 年人均占有水资源量（单位：立方米）

年份	2020 年	2021 年	2022 年	平均值
人均占有水资源量	162	181	176	173

主要河流湖泊水质优。太原市区有黄河二级支流汾河，有 9 条汾河的主要支流，其中北涧河、北沙河、南沙河从东汇入汾河，风峪河、冶峪河、虎峪河、玉门河、九院沙河、小东流河则西入汾河。围绕提升汾河水质、改善城市生态环境、“让汾河水量丰起来、水质好起来、风光美起来”作为攻坚目标，太原市近年来实施“九河”综合治理工程，控污、增湿、清淤、绿岸、调水“五策并举”，饮用水源、黑臭水体、工业废水、城镇污水、农村排水“五水同治”。根据太原市生态环境局的相关统计数据表明，太原市有 6 个国考断面，2020—2022 年达国家Ⅱ类以上有 4 个断面，分别为汾河水库出口、上兰、迎泽桥、李八沟。

主要水库水质优。太原市区的主要水库为汾河二库，距离市中心 30 千米，汾河二库风景区总面积 25 平方千米，水域面积 5 平方千米，林草覆盖率 90%，2002 年被水利部评为“国家水利风景区”，2021 年入选《国家水利风景区高质量发展典型案例名单》，成为山西省唯一一家入选的水利风景区。汾河二库风景区的山，怪石嶙峋，奇峰突兀，汾河二库风景区的水，湖面狭长，清如明镜，泛舟湖上，两岸青山倒映其间，伸手可触，可谓“山在水上走，人在画中游”。春季山花烂漫，溪流潺潺；夏日草木繁茂，碧绿连天；秋天枫叶如火，野果飘香；冬来银装素裹，冰天一色。

太原市依托现代水利工程造就的高峡平湖和沧桑的历史文化明珠——千年古刹、悬泉寺，以及新兴的现代健身、娱乐项目，形成一处中国北方高原地区罕见的自然风光秀美奇特、历史文化瑰丽厚重、高新科技魅力神奇的水利风景区。根据太原市生态环境局的相关统计数据表明，汾河二库水质符合《地表水环境质量标准》（GB3838—2002）Ⅰ类标准，水质清澈。

3.4 生物环境资源众多

天龙山国家森林公园，位于太原市境内，海拔1700米，批建于1992年，总面积26 766.9公顷，为省级重要文物保护单位。天龙山峰峦叠嶂，古柏苍松泛翠，泉声淙淙，园内植物生长茂密，一年四季松柏常青，夏日凉爽清幽，冬日冰瀑雪松，飞禽走兽活跃山间，气候清爽，优雅绝俗，站在天龙山登高远望，整个太原城尽收眼底。天龙山一带有鸟类150余种，共有各种植物66科169属213种，各种动物55科197种，其中有国家一类、二类保护动物褐马鸡、金雕、游隼、苍鹰。

3.5 土壤环境资源肥沃

太原市的土壤主要为山地褐土，平原、谷地和盆地主要分布在城区中部和南部的汾河流域沿岸，土壤主要为褐土性土。晋祠附近村庄土地肥沃，土壤呈黑色，有利于水稻生长，晋祠大米之所以有优良的品性，完全得益于其自然生长环境。晋祠大米的生长地表土有深厚的黑土，含有丰富的有机物，蓄水性强，且土质呈碱性。因此，晋祠大米性微寒，呈弱碱性，对人体有益。此外，晋祠位于东经112° 30′、北纬37° 42′，属于四季分明的大陆性气候，充足的日照、适宜的季风，都为水稻的开花、授粉、抽穗提供了适宜的生长条件。

第4章

气候舒适性

4.1 人体舒适度

4.1.1 人体舒适度指数

人体舒适度指数是为了从气象角度来评价在不同气候条件下人的舒适感，根据人类机体与大气环境之间的热交换而制定的生物气象指标。一般而言，气温、相对湿度、风速 3 个气象要素对人体感觉影响最大。人体舒适度指数计算见公式 4.1。

$$I_{BC}=(1.8\times T+32)-0.55\times(1-R_{H})\times(1.8\times T-26)-3.2\times\sqrt{V} \qquad (4.1)$$

式中，I_{BC} 表示人体舒适度指数，四舍五入取整数；T 表示日平均气温，单位为摄氏度（℃）；R_H 表示日平均相对湿度，用百分数（%）表示；V 表示日平均风速，单位为米 / 秒。

4.1.2 人体最舒适月数

按照《气候宜居指数》(GB/T 42072—2022)，将人体舒适度指数划分为 10 个等级，参见人体舒适度指数分级表（表 4.1），59～70 为最舒适感觉程度，对应等级为 5 级。太原市区最舒适的月份平均达 4.3 个月，出现在 5—9 月（图 4.1），占全年天数的 35.8%。1991—2020 年中有 19 个年份最舒适的月数达 4 个月，占比 63.3 %，6 个年份最舒适月数达 5 个月，占比 20 %（图 4.2）。

表 4.1　人体舒适度指数分级表

人体舒适度指数	等级	感觉程度
≥90	10	酷热，很不舒适
86～89	9	暑热，不舒适
80～85	8	炎热，大部分人不舒适
76～79	7	闷热，少部分人不舒适
71～75	6	偏热，大部分人舒适
59～70	5	最为舒适

续表

人体舒适度指数	等级	感觉程度
51 ～ 58	4	偏凉，大部分人舒适
39 ～ 50	3	清凉，少部分人不舒适
26 ～ 38	2	较冷，大部分人不舒适
≤25	1	寒冷，不舒适

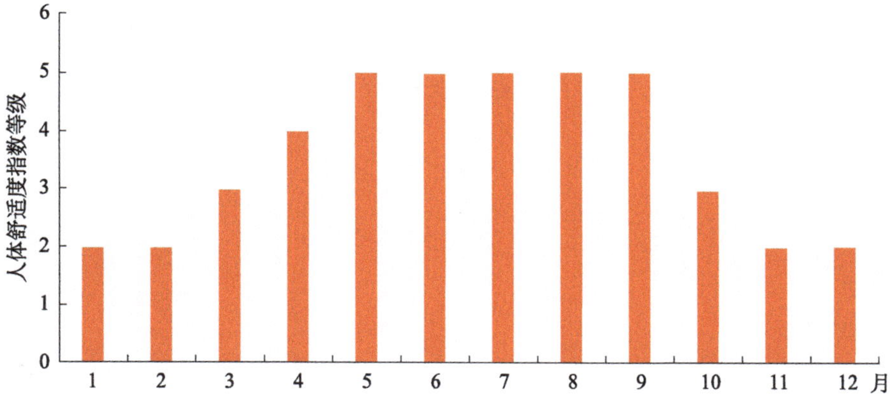

图 4.1　太原市区逐月人体舒适度等级

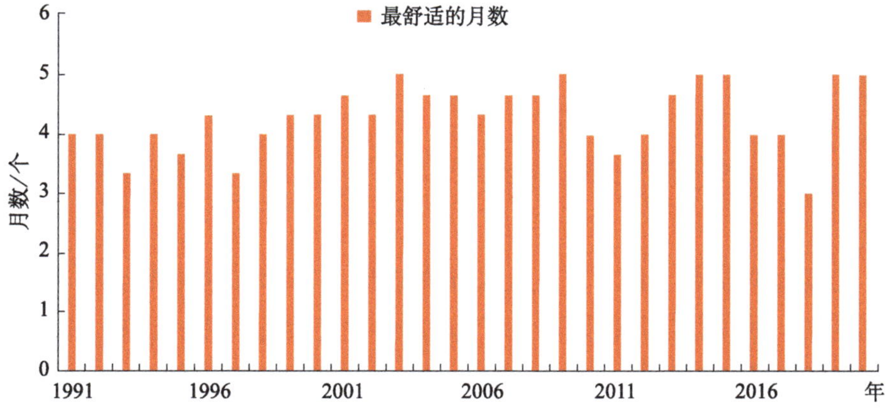

图 4.2　太原市区 1991—2020 年逐年最舒适月数

4.1.3　人体舒适以上月数

人体舒适以上月数达半年以上。按照人体舒适度指数分级表（表 4.1），

59 ～ 70 为最舒适感觉程度，对应等级为 5 级，71 ～ 75 和 51 ～ 58 为人体较舒适感觉程度，对应等级为 4 级和 6 级，51 ～ 75 为人体舒适感觉以上的程度，对应的等级为 4 ～ 6 级。太原市区全年人体舒适感觉以上的月份平均达 6.1 个月，主要出现在 4—9 月（图 4.1），占全年天数的 51%。1991—2020 年中有 3 个年份舒适以上月数达到 7 个月，20 个年份舒适以上月数达 6 个月以上（图 4.3），舒适以上月数达 6 个月以上的占比为 76.7%。

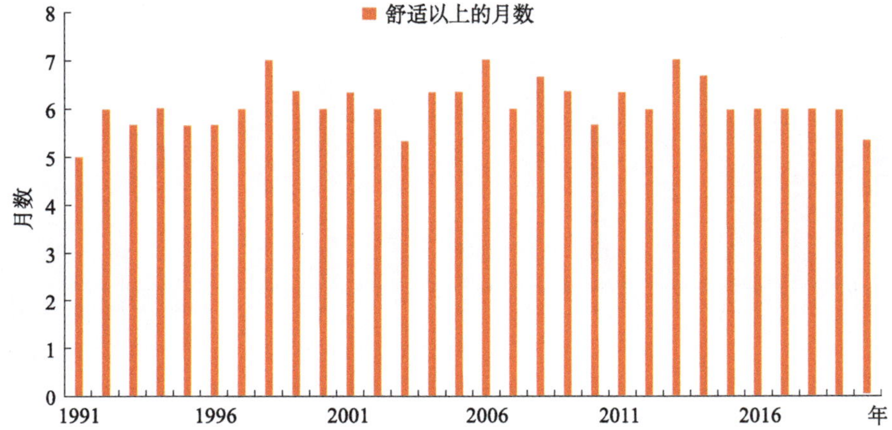

图 4.3　太原市区 1991—2020 年逐年舒适以上月数

4.2　气候度假指数

气候度假指数（HCI）是从人体对温度、降水和风的感觉以及云量（天空状况）等因素，来综合分析气候条件对度假适宜性的影响（表 4.2）。气候度假指数计算见式（4.2）、式（4.3）。

$$I_{HC}=(4\times S_{TE})+(2\times S_C)+(3\times S_R\times S_V) \tag{4.2}$$

$$T_E=T_{max}-0.55\times(1-R_H)\times(T_{max}-14.4) \tag{4.3}$$

式中，I_{HC} 表示气候度假指数，四舍五入取整数；S_{TE} 表示有效温度分值；S_C 表示日总云量分值；S_R 表示日降水量分值；S_V 表示日平均风速分值；T_E 表示有效温度，单位为摄氏度（℃）；T_{max} 表示日最高气温，单位为摄氏度（℃）。

4.3 气候适宜以上月数

气候度假全年适宜。按照气候度假指数分级表（表4.3），人体感觉适宜以上的气候度假指数≥60，对应为6～9级。太原市区1—12月全年的气候度假指数等级均为5～7级（图4.4），太原市区1991—2013年平均气候度假适宜以上的月数长达12个月（图4.5），总之，太原市区气候适合全年度假旅游。

表4.2　气候度假指数变量赋分表

分值	有效温度/℃	云覆盖率/%	日降水量/毫米	风速/（千米/时）
10	23～25	11～20	0	1～9
9	20～22、26	1～10、21～30	＜3	10～19
8	27～28	0、31～40	3～5	0、20～29
7	18～19、29～30	41～50	—	—
6	15～17、31～32	51～60	—	30～39
5	11～14、33～34	61～70	6～8	—
4	7～10、35～36	71～80	—	—
3	0～6	81～90	—	40～49
2	-5～-1、37～39	＞90	9～12	—
1	＜-5	—	—	—
0	＞39	—	13～24	50～70
-1	—	—	＞25	—
-10	—	—	—	＞70

注：云覆盖率由总云量成数换算为百分数。

表 4.3 气候度假指数分级表

I_{HC}	等级	描述
≥90	9	理想状态
80 ~ 89	8	特别适宜
70 ~ 79	7	很适宜
60 ~ 69	6	适宜
50 ~ 59	5	可以接受
40 ~ 49	4	一般
30 ~ 39	3	不适宜
20 ~ 29	2	很不适宜
≤19	1	特别不适宜

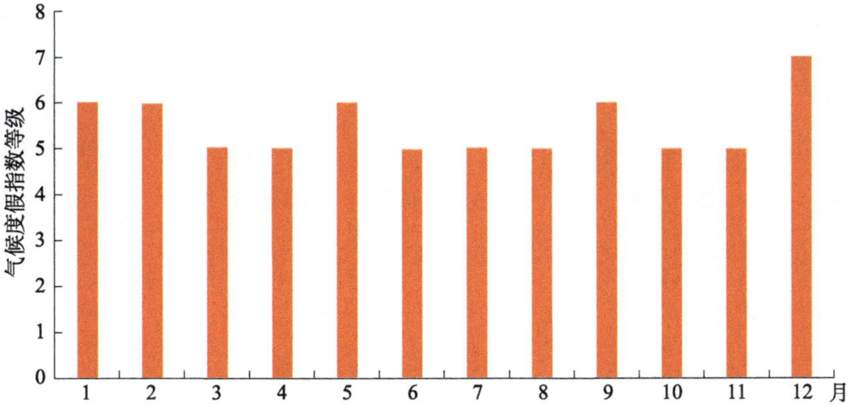

图 4.4 太原市区逐月气候度假指数等级

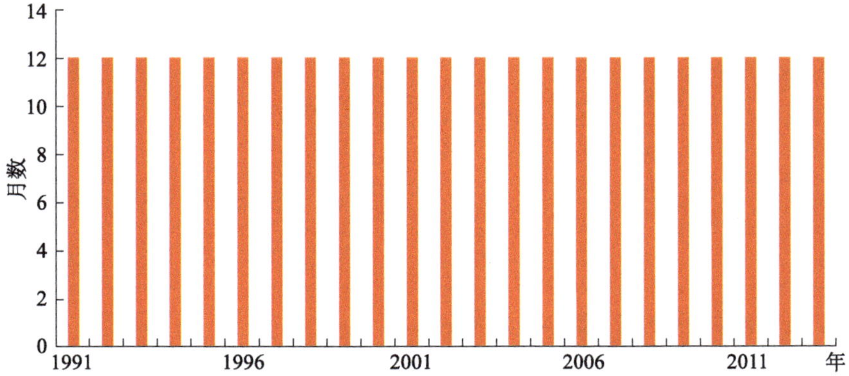

图 4.5 太原市区 1991—2013 年逐年气候度假适宜以上月数

第5章

气候景观

5.1 气象景观丰富多彩

太原市区四季分明，东、西、北三面环山，汾河纵贯市区，形成三山环抱、一水中分的水韵龙城格局，独特的气候和自然的地理条件形成了四季丰富多样的气象景观（图 5.1）。

蒙山景区春花烂漫、夏伏避暑、秋赏红叶、雪妆梵国。天龙山夏秋季时常云雾缭绕，可见大气磅礴的云海；冬季在海拔较高的山区，可以欣赏到自然奇景雪凇、雾凇等；晴朗的傍晚，在市区常能见到绚丽多彩的晚霞，站在新建成的“汾河晚渡”观景平台上远眺西山，赏水波斜阳美景，“山衔落日千林紫，渡口归来簇如蚁”的落日余晖、水光辉映的美景尽收眼底（图 5.2）。

图 5.1　太原市区雪凇、云雾、云海

图 5.2　太原市城区晚霞

5.2　地形地貌景观形式多样

太原市区拥有国家地质公园 1 处，森林公园 6 处，分别是西山国家矿山地质公园，天龙山国家森林公园、太原市森林公园（国家 4A 级旅游景区）、玉泉山城郊森林公园、西山长风城郊森林公园、埂阳城郊森林公园、东山森林公园；还有天龙山、崛围山、蒙山、太山、汾河二库自然风景区，此外还有西山万亩生态园、二龙山、晋阳湖、汾河公园、迎泽公园等生态公园（图 5.3）。

太原市区是“全国绿化模范城市”“中国美丽城市”，四季分明、气候宜人，“唐风晋韵 · 锦绣太原”城市品牌已深入人心。

（1）崛围山景区：位于太原市西北 20 千米的汾河西岸呼延村一带，距市区较近，气候宜人，四季景色各具特色，是游人观光、消遣的好去处。崛围山层峦叠翠，郁郁葱葱，宛如翻卷着的茫茫绿海，其山势陡峻，松柏遍野，春日山花竞放，秋来红叶满山，尤其是秋菊绽黄、白露结霜的晚秋季节，灌木丛中遍布着紫中透红的片片红叶，坡、梁、沟、岔间卷起了层层的红色浪涛，漫山遍野，煞是好看，“崛围红叶”是太原市城区八景之一（图 5.4）。

图 5.3　太原市区森林、山地生态景观

图 5.4 太原市崛围山风景

（2）天龙山景区：原名方山，属吕梁山脉分支，海拔 1700 米，位于太原市西南 36 千米，距晋祠景区 14 千米，有专用公路相连。天龙山屏峰黛立，松柏成荫，溪泉鸣涧，气候凉爽。早在东魏时高欢建了避暑宫，北齐高洋建了天龙寺，并都开凿了石窟。山因寺而得名，寺因窟而著称，从此，天龙山声名大振。天龙山景区包括晋祠镇的武坡、南坪、窑头 3 个自然村和柳子沟源头的南山、北山（即天龙山），占地约 185 公顷。山中多砂页岩，呈现出奇特的地质地貌；山上多山泉，有丰富的泉源；山内多林木，森林覆盖率达 70%；山间多鸟兽，国家一级、二级保护动物有 20 多种。景区风光秀丽，山不高而挺拔，清幽凉爽；树不大而茂密，万木峥嵘，是著名的旅游胜地（图 5.5）。现今，它是晋祠—天龙山风景名胜区的

图 5.5　太原市天龙山“网红”公路

组成部分，山西省重点文物保护单位，天龙山国家森林公园的主体。

（3）蒙山风景区：位于太原市西南20余千米处，晋祠以北的寺底村，主峰高1325米。蒙山主要历史遗迹有蒙山大佛、开化寺、铁佛殿、连理塔、寺底驿、观音堂、御驾桥、真武庙、土地庙等。其中蒙山大佛又称西山大佛，凿于北齐天保二年（公元551年），高200尺，略低于乐山大佛，但建造时间比乐山大佛早162年（图5.6)。“蒙山晓月”为太原八景之一。

图 5.6　太原市蒙山风景

图 5.7　太原市晋阳湖风景

（4）晋阳湖公园景区：位于晋阳古城遗址以北、晋源区金胜镇政府以东一带，南北长2.5千米，东西宽2千米，环湖周长9千米，占地面积11.2平方千米，是华北地区最大的人工湖，其面积比杭州西湖略小。晋阳湖水域面积5.1平方千米，夏季最高水温达33 ℃，冬季最高水温为8～15 ℃。晋阳湖的水由汾河西干渠引入，水质良好，平均水深为4米，最深处为8米，蓄水总量2400万立方米（图5.7)。

（5）汾河公园景区：北起尖草坪区柴村桥，南至小店区迎宾桥，全程长度约32千米，总面积20平方千米，蓄水总量约260万立方米，水域平均宽度 50 ～ 300 米，两岸景观绿地平均宽度 100 ～ 150 米，草坪、地被植物、水生植物达 600 万平方米，景区范围内各类横跨桥梁 24 座，各类树木花卉 230 余种，鸟类 165 种。以汾河为界，平行分布有东、西两大景观旅游带，两岸分布有 4 座广场与 6 座景观区，设有众多景观景点。“一泓碧水穿城过，两岸锦绣入画来”，建成至今汾河公园景区已荣获“国家 4A 级旅游景区”“全国优秀体育公园”“国家水利风景区”等众多荣誉称号（图 5.8）。

图 5.8　太原市汾河风景

图 5.9　太原市植物园

（6）太原植物园：位于太原市晋源区，是第一批全国科普教育基地，国家 4A 级旅游景区（图 5.9）。植物园北起风峪沙河，南至太古公路，西起风峪沟口，东到晋阳大道，占地面积约 2700 亩，分为展览温室、自然科普馆和盆栽博物馆。园内有植物品种 3000 余种、药茶植物资源 50 余种，是集山西省科学研究、科普教育、园艺观赏和文化旅游于一体的综合性植物园。

5.3　人文景观源远流长

太原市历史悠久，文化源远流长，市区内人文历史古迹众多。

（1）晋祠公园：位于太原市晋源区晋祠镇，原名为晋王祠，初名唐叔虞祠，是为纪念晋国开国诸侯唐叔虞及母后邑姜而建，是国务院公布的第一批全国重点文物保护单位，首批国家 4A 级旅游景区。景区内难老泉、侍女像、周柏被誉为“晋祠三绝”。晋祠是中国现存最早的皇家祭祀园林、晋国宗祠；是中国古代建筑艺术的集约载体，国内宋元明清至民国本体建筑类型、时代序列完整的孤例，附属彩塑壁画碑碣均为国宝；是三晋历史文脉的综合载体，是晋文化系统上溯西周封唐建晋至盛唐肇创文脉传承的实证（图 5.10）。

（2）永祚寺双塔：俗称双塔寺，位于太原市迎泽区郝庄村，始建于明万历年间，建筑面积 12 万平方米，依山构筑，坐南朝北，由寺院、塔院和碑廊院组成，是第六批全国重点文物保护单位，寺内绿树红墙，宝塔梵殿，碑碣栉比，花卉溢香，松柏凝翠，古香古色（图 5.11）。所谓“永祚”，出自《诗经》中《大雅 · 既醉》一篇：“君子万年，永锡祚胤”，寓意为流芳千古，万世不竭。塔院现存双塔、过殿和后殿，后院现存大雄宝

图 5.10　太原市晋祠公园

图 5.11　太原市双塔寺公园

殿、三圣阁、排堂等建筑。寺内有明代牡丹，名为“紫霞仙”，每届春日，新枝萌发，群葩怒放，满园花团锦簇，为太原一大胜景。寺内集有明、清两代所刻《宝贤堂集古法帖》和《古宝贤堂法帖》石刻200余块，为双塔寺的文物和风光增添了别样光彩。

（3）天龙山石窟：位于太原市西南40千米处天龙山腰，是第五批全国重点文物保护单位。始凿于北魏，其后东魏、北齐、隋、唐历代开凿，天龙山石窟自东而西排列，共大小石窟21所，共有大小石佛造像500余尊，浮雕、藻井、画像1144处。天龙山石窟造像高雅柔和、雄健优美、飘逸多姿，世称“天龙山样式”，是同时期石窟造像艺术的杰出代表，体现了我国南北朝至隋唐时期石窟艺术的辉煌成就，见证了中华文明谱系中石窟艺术的巅峰（图5.12）。令人叹息的是，近代以来天龙山石窟所有佛像的头颅几乎都被砍下盗走，大批佛像全身都被凿走，剩下的部分也因为年代久远风化极其严重被舍弃，中华人民共和国成立后对天龙山石窟进行了大量抢救保护和复原重建。2021年7月24日，天龙山石窟“第8窟北壁主尊佛首”历经百年终归故里，在农历春节除夕夜，这一佛首作为2020年回归祖国的第100件流失文物，亮相中央广播电视总台春节联欢晚会，与全国人民欢庆佳节，共度团圆。

图5.12　太原市天龙山石窟

（4）蒙山大佛：位于太原市晋源区寺底村西北，国家4A级旅游景区，太原市文物保护单位。始建于北齐天保年间，距今已有约1500年的历史，是中国北朝时期体量最大的摩崖大佛和佛阁。唐高祖李渊、唐高宗李治与皇后武则天、后唐武皇帝李克用、后汉高祖刘知远都曾来此礼佛。蒙山大佛现场外露胸颈部分，高17.5米，宽25米，颈部直径宽5米，唐代记载“高二百尺”，按唐普通尺计算约合今63米，为目前世界上有确切纪年、开凿年代最早、体态最大的巨型摩崖石刻释迦牟尼佛像（图5.13）。

图5.13 蒙山大佛

（5）山西博物院：位于太原市万柏林区，是首批国家一级博物馆、中央地方共建国家级博物馆培育对象，全国文化遗产保护先进单位，山西最大的文物征集、收藏、保护、研究和展示中心，占地168亩，建筑面积5.2万平方米，展览面积1.3万平方米，文物库区1.2万平方米，共有藏品50余万件，以青铜、瓷器、石刻、佛教造像、壁画、书画等颇具特色，其中珍贵文物40 282件（组），包括一级文物2129件（组），另有图书古籍11万余册。基本陈列以“晋魂”为主题，由文明摇篮、夏商踪迹、晋国霸业、民族熔炉、佛风遗韵、戏曲故乡、明清晋商7个历史文化专题和土木华章、山川精英、翰墨丹青、方圆世界、瓷苑艺葩5个艺术专题构成（图5.14）。

（6）太原博物馆：位于山西省太原市长风文化商务区中央文化岛上，

是文化岛大平台广场上的标志性建筑之一，前拥汾河，后依内河，北邻山西大剧院，东邻山西省科技馆。太原市博物馆总建筑面积 64 400 平方米，其中博物馆主体建筑面积 52 740 平方米，平台建筑面积 11 660 平方米。太原博物馆将以展示太原历史、揭示晋阳文化内涵为主体，以太原历史脉络为主线，突出以“晋阳崛起”和“走向盛唐”为重点进行展陈，使之成为展示太原历史、文化、艺术等内容的综合性博物馆和高雅的文化艺术殿堂（图 5.15）。

图 5.14　山西博物院

图 5.15　太原博物馆

图 5.16　太原古县城

（7）太原古县城：太原古县城，是山西省太原市的一个历史文化古城区，位于太原市晋源区，距离太原市中心约 10 千米，这里有着悠久的历史和文化底蕴，也是太原市的重要旅游景点之一。始建于明洪武八年（公元 1375 年），占地面积约 0.8 平方千米，城内历史建筑遗存众多，十字街格局清晰，街巷肌理完善，沿袭了晋阳古城“城池凤翔余”的古老建筑格局，犹如一只头北尾南的凤凰，自古就有“凤凰城”的美誉，是 2500 年晋阳古城文脉的延续。城内现存文物建筑 79 处，太原市人民政府挂牌保护的历史建筑达 49 处。其中，文庙被列为全国重点文物保护单位，最为著名的是明代的龙城城墙，这座城墙是太原现存唯一完整的城墙，全长约 6 千米，高达 12 米，砖墙厚度达 3 ～ 4 米。城墙上有着数十座角楼、门楼和瞭望塔，在城墙上漫步，不仅可以欣赏到城墙外的美景，还可以感受到历史文化的厚重氛围（图 5.16）。

5.4 特色产品景观

（1）山西老陈醋：山西老陈醋是中国四大名醋之一，已有 3000 余年的历史，素有“天下第一醋”的盛誉，以色、香、醇、浓、酸五大特征著称于世。老陈醋色泽为红棕色，味道以“绵、酸、甜、香”为主，选用优质高粱、大麦、豌豆等五谷经蒸、酵、熏、淋、晒的过程酿就而成，山西老陈醋中含游离氨基酸多达 18 种，其中 8 种为人体所必需，另外还含有多种维生素，可促进胃液分泌，抑制血糖升高，降低血脂等。

太原东湖醋园是我国唯一的一个醋文化旅游园，也是国内第一个获准注册的醋园旅游商标，是 4A 级旅游景区。东湖醋园坐落在太原市马道坡 26 号，占地面积 20000 多平方米。景区设陈列堂和醋疗园，分别收集了我国西汉以来各种酿醋器具、农耕器具和700余个醋疗药方，以古今器皿展示文献典籍摘记、图片照片写真、产品实物陈列等形式，充分展示了山西老陈醋的历史文化底蕴。进入古色古香的美和居醋坊，犹如来到了500年前的老陈醋作坊，老醋芳香扑鼻沁心，醋味十足，难以忘怀。作坊内“蒸酵熏淋晒”的老陈醋制作工艺和步骤一览无余，游客参与部分制作过程或者尽兴品尝老陈醋“绵酸香甜鲜”之感的姿态可亲可敬（图5.17）。

图5.17　东湖醋园

（2）晋祠大米：产于太原晋祠镇一带，这种大米颗粒长，个头大，外形晶莹饱满，呈半透明状，米色微褐，做出饭来颗粒分明，香气扑鼻。吃到嘴里，味香甜，有韧性、黏性，有咬头。晋祠大米之所以质地优良，是因为生产晋祠大米的稻田，是用晋祠难老泉水浇地，水温低、富含多种矿物质，加之晋祠附近村庄土地肥沃，土壤呈黑色，有利于水稻生长。晋祠大米栽培历史悠久，西汉即有大面积种植。隋开皇六年（公元586年），“引晋水灌溉稻田，周回四十一里”，宋嘉佑年间，稻田浇灌面积曾达到了万余亩。

（3）太原云锦：太原市传统手工丝织品，太原云锦的历史可以追溯到公元前2000多年前的夏朝时期，经过数千年的发展和传承，太原云锦逐渐形成了独特的制作工艺和艺术风格，它采用优质的丝绸线作为原料，经过精细的染色和编织工艺，织出了绚丽多彩的图案和纹理（图5.18）。

图5.18　云锦丝织品

第6章

气候风险与气候变化特征

6.1 气候风险

6.1.1 高温和寒冷日数

太原市区高温天气较少，年高温（日最高气温 ≥35 ℃）日数 4.2 天。1979—2022 年，有 24 年高温日数均少于 3 天，其中有 4 年没有出现过高温天气。高温天气主要出现在 6 月和 7 月，分别平均为 1.5 天和 2.2 天，4—5 月和 8—9 月均少于 0.5 天，其余月份均没有高温天气（图 6.1）。1979—2022 年，太原市区年极端最高气温 39.6 ℃（2010 年 7 月 30 日）。1979—2022 年中，仅有 8 年极端最高气温超过 38 ℃，有 41% 的年份极端最高气温在 36 ℃以下，而最低年仅为 33.3 ℃（1989 年）。

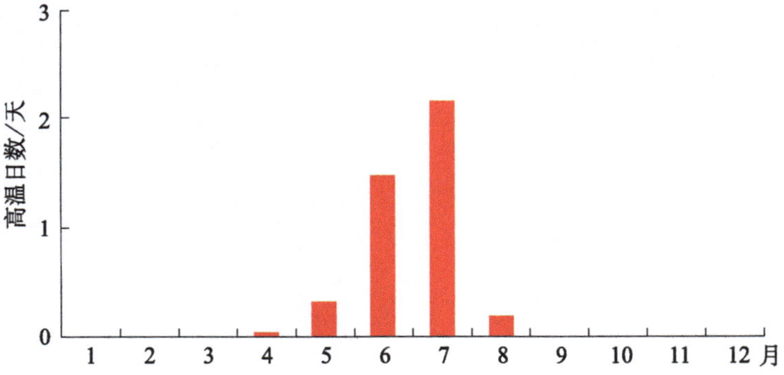

图 6.1　太原市区逐月平均高温日数

太原市区年低温（日平均气温 ≤0 ℃）日数 79.0 天，年寒冷（日最低气温 ≤-10 ℃）日数 30.6 天。低温日数和寒冷日数均主要集中在 1—2 月和 12 月，1 月最多，分别为 29.0 天和 15.2 天。

6.1.2 年平均大雨和无雨以上日数

太原市区年均大雨以上强降雨日数为 3.8 天，1979—2022 年，强降雨日数最多年有 8.3 天（2009 年），最少年仅为 1.0 天（1986 年）。39% 的年份强降雨日数在 3 天及以下，其中有 5 年少于 2 天。从逐月降水看，7 月和 8 月强降雨日数较多，均为 1.2 天；其余月份均不足 1 天，其中 1—2 月和 12 月没有强降雨天气（图 6.2）。

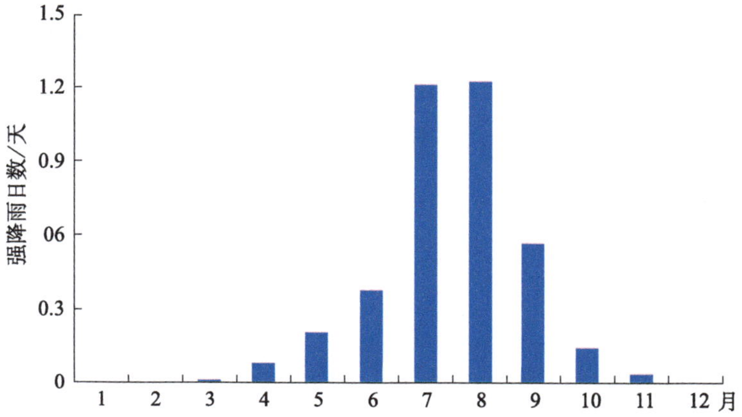

图 6.2　太原市区逐月强降雨日数

太原市区年均暴雨（日降水量≥50.0 毫米）日数仅 0.7 天；1979—2022 年，仅 2009 年、2020 年和 2021 年暴雨日数达到或超过 2 天，其余年份均在 2 天以下，有 66% 的年份少于 1 天，其中 1984 年、1987 年、1990 年等 10 年没出现过暴雨天气。

太原市区年均无雨（日降水量＜0.1 毫米）日数 292.6 天，1979—2022 年，有 17 年的无雨日数在 290 天及以下，最少年为 262.3 天（2016 年）。

6.1.3　年平均强风、静风日数

太原市区年平均强风（日最大风速≥10.8 米 / 秒）日数仅有 1.1 天。2009—2022 年，有 10 年的强风日数都在 1 天及以下，其中 2011 年和 2012 年没出现过强风天气。

太原市区年平均静风（日平均风速≤0.2 米 / 秒）日数为 12.0 天。静风日数较多的年份主要集中在 20 世纪 80 年代后期和 90 年代前期；1979—2022 年，有 41% 的年份静风日数都在 5 天及以下，其中 2009 年、2014 年等 10 年没有出现过静风天气。从逐月静风分布来看，静风日数主要集中在 1 月和 12 月，分别为 1.7 天和 1.8 天，3—5 月较少，均在 0.5 天及以下。

6.1.4 沙尘日数

太原市区年均沙尘日数为 2.8 天。1979—2022 年，有 41% 的年份沙尘日数在 2 天及以下，其中 2016 年和 2018 年没有出现沙尘天气。沙尘天气主要出现在 3 月（0.7 天）和 4 月（0.9 天），7—12 月较少，均少于 0.1 天。

6.1.5 霾日数

太原市区年均霾日数为 31.4 天，1979—2022 年，有 52% 的年份霾日数在 30 天及以下，其中有 7 年霾日数少于 10 天。霾日数最多的月份为 1 月（4.5 天），但在 1979—2022 年中，有 48% 的年份 1 月霾日数在 3 天及以下，其中 1992 年、1995 年等 5 年的 1 月没有出现过霾天气。

6.1.6 强对流日数

根据 1991—2013 年气象资料统计，太原市区年均强对流（冰雹、雷暴、飑线、龙卷）日数有 30.3 天，强对流天气主要出现在 6—8 月，占全年的 77%，各月强对流日数在 6 ～ 8 天；1—4 月及 10—12 月强对流日数均在 1 天以下，其中 1 月、2 月和 12 月没有出现过强对流天气。

6.2 气候变化特征明显

6.2.1 气温上升

气温升幅较大。1979—2022 年，太原市区年平均气温、年平均最高气温和年平均最低气温均呈上升趋势，升温幅度分别为每 10 年 0.44 ℃、0.48 ℃和 0.55 ℃（图 6.3）。

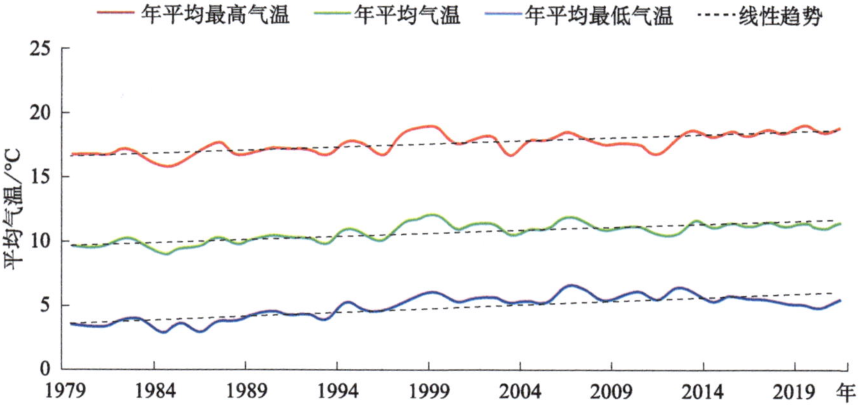

图 6.3 1979—2022 年太原市区气温变化

春夏升温幅度大、秋冬小。1979—2022 年，太原市区四季平均气温均呈上升趋势，其中春季（0.62 ℃ /10 年）和夏季（0.41 ℃ /10 年）升温幅度较大，秋季和冬季升幅相对较小，均为 0.36 ℃ /10 年（图 6.4）。

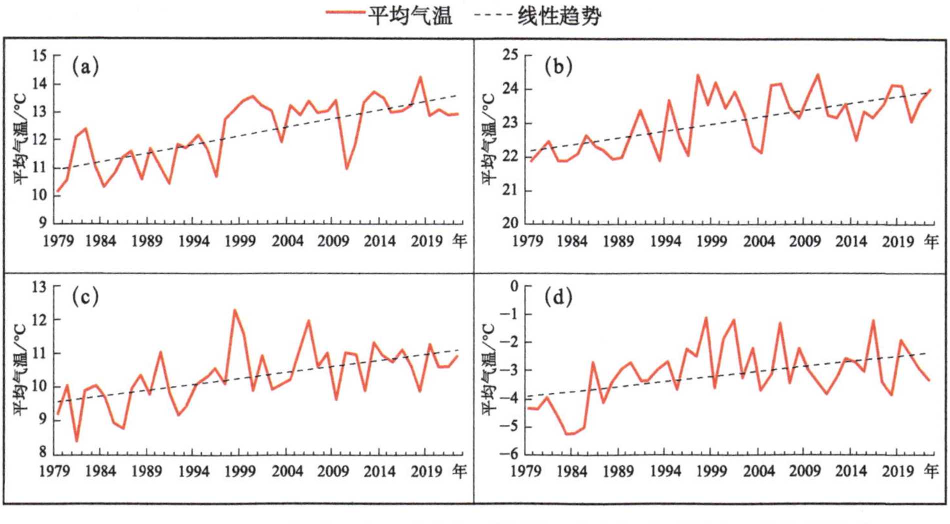

图 6.4 1979—2022 年太原市区春 (a)、夏 (b)、秋 (c)、冬季 (d) 平均气温变化

气温日变化略减小。1979—2022 年，太原市区气温日变化（日较差）呈减小趋势，但减幅较小，仅为 0.07 ℃ /10 年（图 6.5）。除春季日较差呈增加趋势（0.17 ℃ /10 年）外，夏季（−0.08℃ /10 年）、秋季（−0.27℃ /10 年）和冬季（−0.06℃ /10 年）均呈减小趋势。

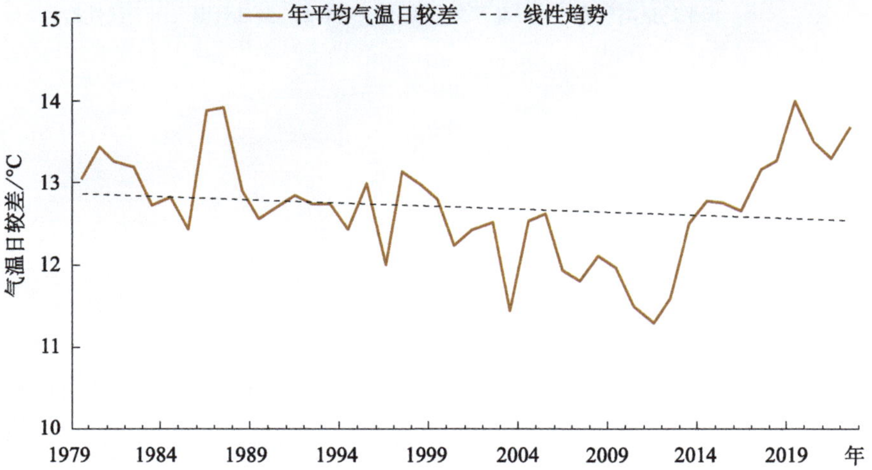

图 6.5　1979—2022 年太原市区年平均气温日较差变化

适宜温度日数减少。1979—2022 年，太原市区年适宜温度日数呈减少趋势（图 6.6），减幅为 0.9 天 /10 年。除夏季适宜温度日数呈减少趋势（-5.3 天 /10 年）外，春季（2.8 天 /10 年）和秋季（1.7 天 /10 年）均呈增加趋势。

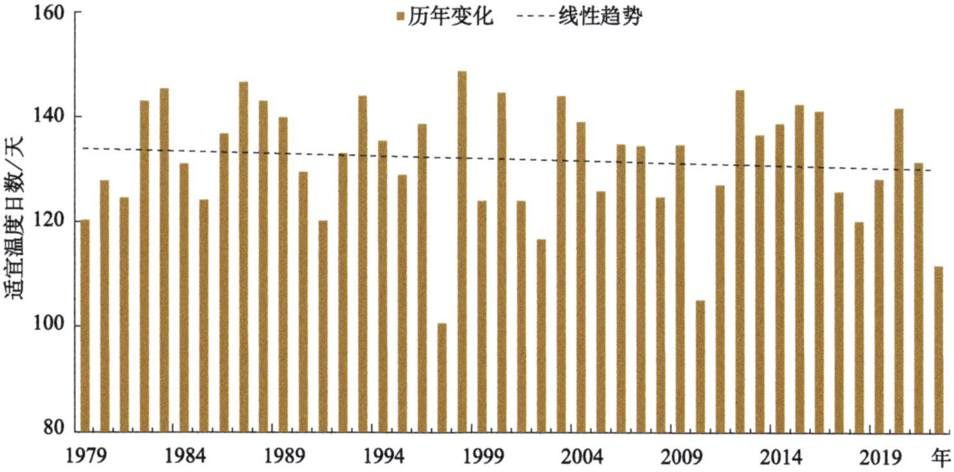

图 6.6　1979—2022 年太原市区适宜温度日数历年变化

高温日数增加。1979—2022 年，太原市区年高温（日最高气温≥35 ℃）日数呈增加趋势，每 10 年增加 1.4 天（图 6.7）。

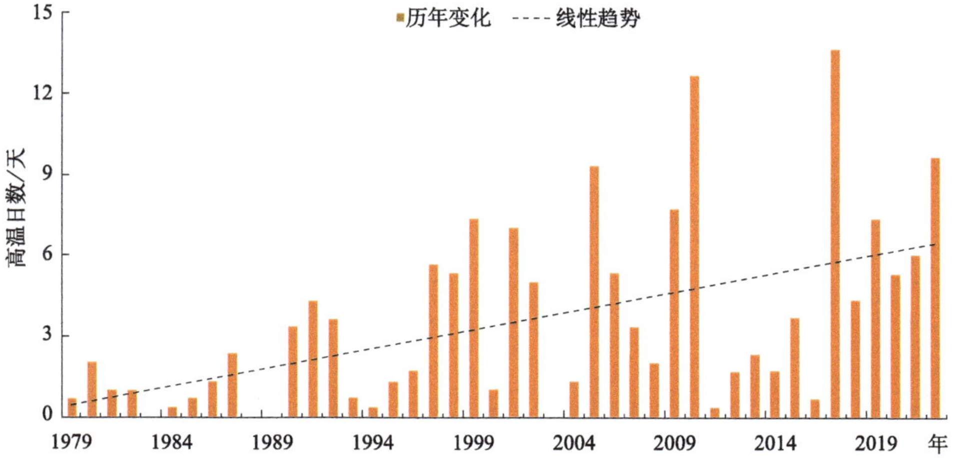

图 6.7　1979—2022 年太原市区高温日数历年变化

6.2.2　降水量增加

年降水量增加。1979—2022 年，太原市区年降水量呈增加趋势，增加幅度为每 10 年 21.3 毫米（图 6.8）。四季中，除春季降水量每 10 年减少 4.9 毫米外，夏季（10.3 毫米 /10 年）、秋季（15.8 毫米 /10 年）和冬季（1.0 毫米 /10 年）均呈增加趋势（图 6.9）。

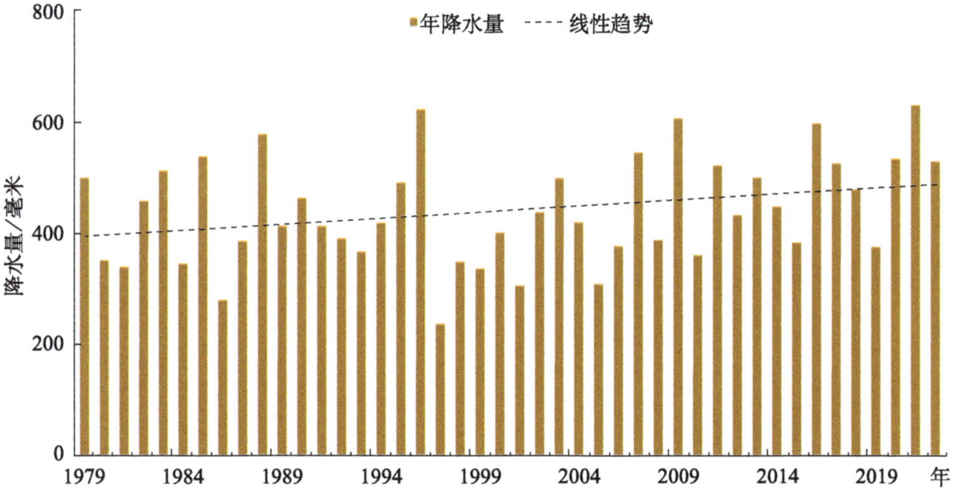

图 6.8　1979—2022 年太原市区年降水量变化

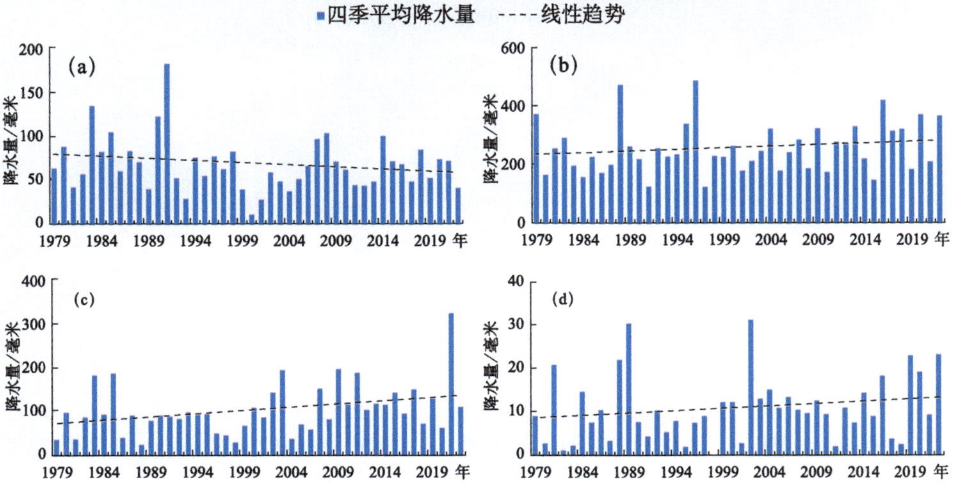

图 6.9　1979—2022 年太原市区春 (a)、夏 (b)、秋 (c)、冬 (d) 降水量变化

降水日数增加。1979—2022 年，太原市区年降水日数呈弱增加趋势，增幅为每 10 年 0.5 天（图 6.10）。秋季降水日数呈增加趋势（0.8 天 /10 年），春季（−0.3 天 /10 年）、夏季（−0.1 天 /10 年）和冬季（−0.1 天 /10 年）均呈减少趋势。

适宜降水日数变化趋势不明显。1979—2022 年，太原市区年适宜降水日数变化趋势不明显（图 6.11）。太原市区春季和夏季适宜降水日数呈减少趋势，减幅分别为 0.03 天 /10 年和 0.36 天 /10 年；秋季和冬季呈增加趋势，增幅分别为 0.35 天 /10 年和 0.01 天 /10 年。

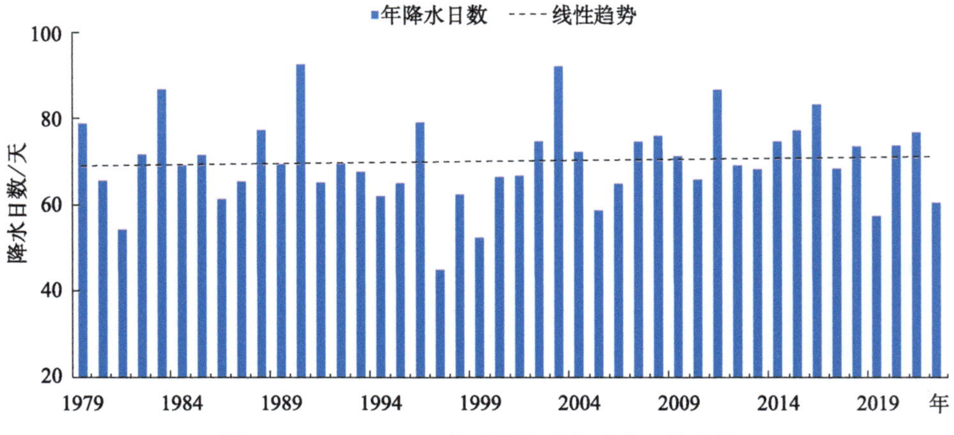

图 6.10　1979—2022 年太原市区年降水日数变化

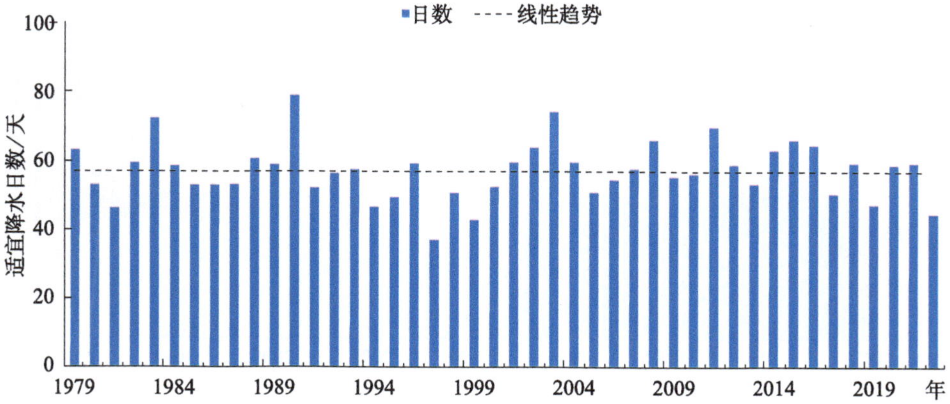

图 6.11　1979—2022 年太原市区年适宜降水日数变化

6.2.3　风速减小，适宜风日数增加

平均风速呈减小趋势。1979—2022 年，太原市区年平均风速呈减小趋势，减小幅度为每 10 年 0.07 米 / 秒（图 6.12）。4 个季节的平均风速均呈减小趋势，春季减小幅度较大，为 0.13 米 /（秒 · 10 年），其次是夏季（0.05 米 /（秒 · 10 年））和秋季（0.07 米 /（秒 · 10 年）），冬季（0.02 米 /（秒 · 10 年））减幅最小。

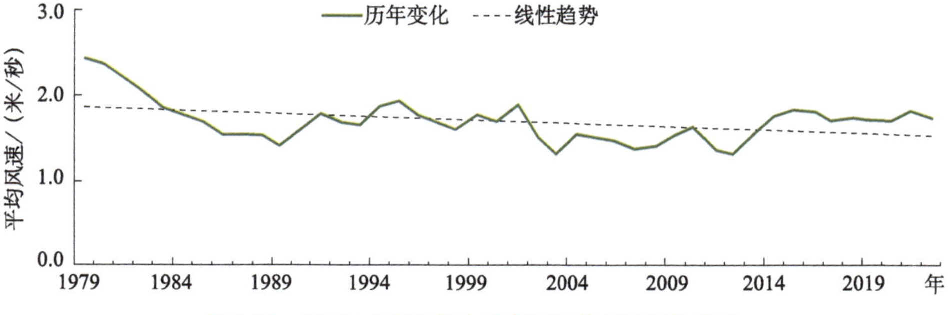

图 6.12　1979—2022 年太原市区平均风速历年变化

适宜风日数呈增加趋势。1979—2022 年，太原市区年适宜风日数呈增加趋势，平均每 10年增加 10.8 天（图 6.13）。太原市区 4 个季节适宜风日数均呈增加趋势，其中春季和冬季增加幅度最大，分别为 3.5 天 /10 年和 3.3 天 /10 年，夏季（1.4 天 /10 年）和秋季（2.6 天 /10 年）增幅相对较小。

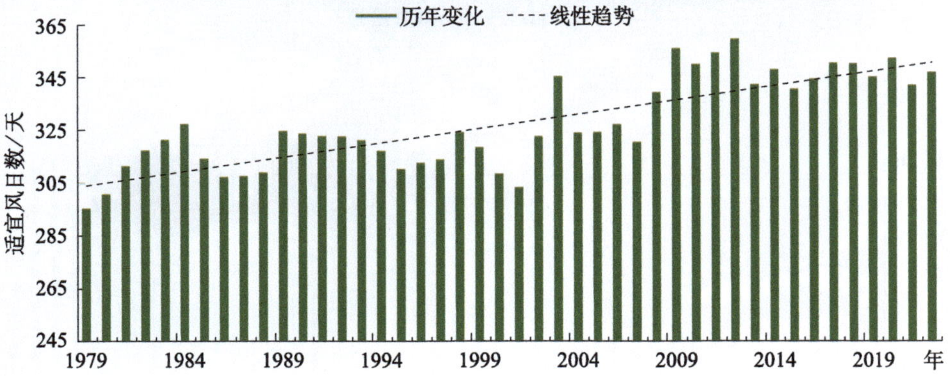

图 6.13　1979—2022 年太原市区适宜风日数历年变化

6.2.4　日照时数增加

1979—2022 年，太原市区年日照时数呈增加趋势，增幅为每 10 年 13.4 小时（图 6.14）。4 个季节中，春季和冬季日照时数呈增加趋势，分别增加 21.3 小时 /10 年和 7.3 小时 /10 年；夏季和秋季呈减少趋势，分别减少 2.6 小时 /10 年和 11.7 小时 /10 年。

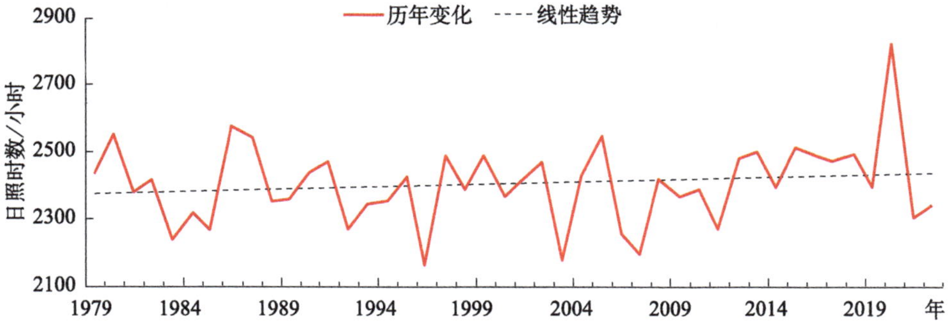

图 6.14　1979—2022 年太原市区日照时数历年变化

6.2.5　相对湿度减小，适宜湿度日数增加

1979—2022 年，太原市区年平均相对湿度呈减小趋势，减幅为 0.9%/10 年（图 6.15）。年适宜湿度日数呈减少趋势，每 10 年减少 4.6 天（图 6.16）。

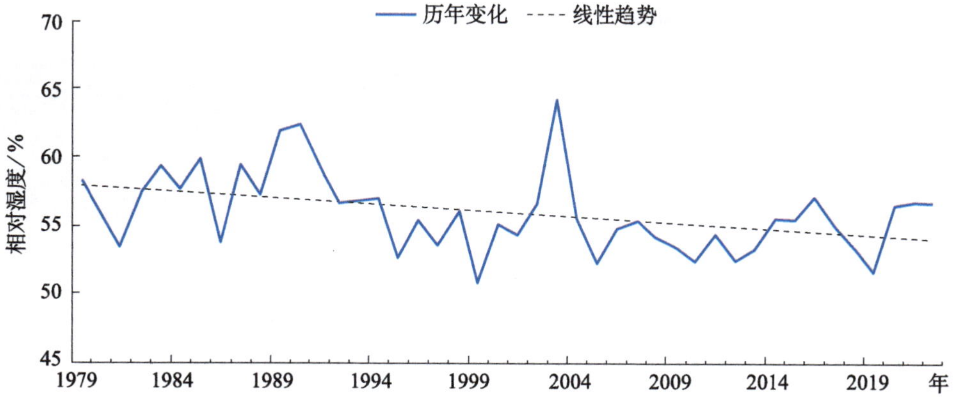

图 6.15　1979—2022 年太原市区相对湿度历年变化

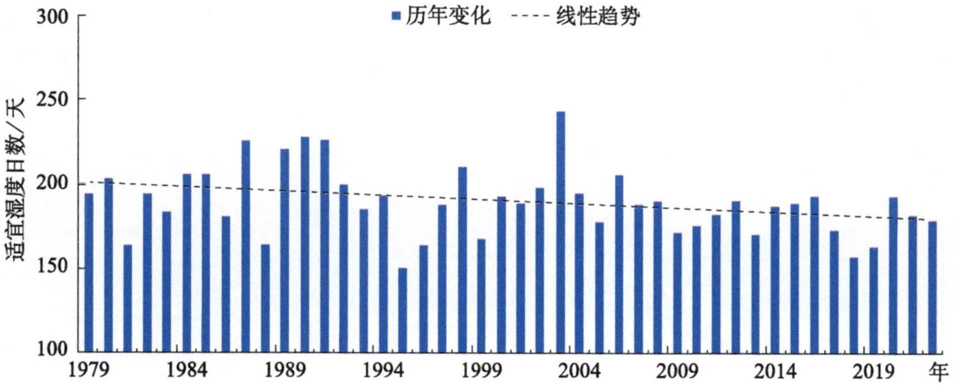

图 6.16　1979—2022 年太原市区适宜湿度日数历年变化

第7章

结论和建议

7.1 结论

按照《中国气候宜居城市（县）评价技术规范》中的评价指标得出结论：太原市区“中国气候宜居城市（县）”综合评价指标优良率达 75.6%，优率达 54.8%，完全符合“中国气候宜居城市（县）”评价标准。在各项评价指标中，气候宜居禀赋优良率 78.9%，气候不利条件优良率 66.7%，气候生态环境优良率 57.1%，气候舒适性优良率 100%，气候景观优良率 100%（图 7.1）。

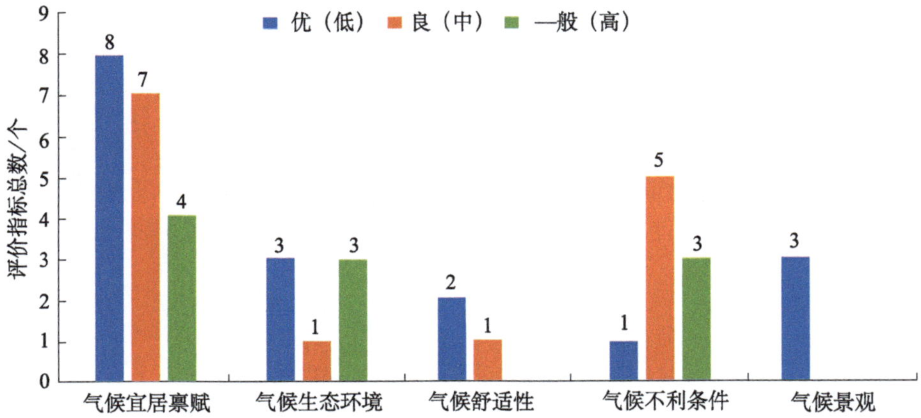

图 7.1　太原市区气候宜居城市（县）三级评价指标统计

太原市区气候宜居禀赋优良，气候舒适，全年气候度假适宜，气候生态环境佳，不利气候条件影响总体偏轻。气象景观旖旎绚丽，地形地貌瑰丽壮观，人文历史源远流长。太原以绿色经济为发展理念，宜居宜业、宜养宜游，为人民安居乐业、吸引人才、招商引资和经济社会高质量发展提供了良好的气候宜居环境。

（1）气候宜居禀赋优良，气候度假全年适宜

太原市区四季分明，冬无严寒、夏无酷暑，年平均气温 11.0 ℃，年适宜温度日数 131.6 天，春秋季温和舒适，夏季夜间清凉，冬季午后温暖，最冷月平均最高气温 2.2 ℃、最热月平均最低气温 19.4 ℃，冬无严寒、夏无酷暑。年降水量 434.9 毫米，夏雨多、冬雪少，年适宜降水日数 56.4 天，

占年降水日数的81%。湿度适中，年适宜湿度日数长达187.6天；风和舒适，年适宜风速日数多达332.4天。光照充足，年平均日照时数2407.2小时，日照最少的冬季也达503.0小时。全年有6.1个月体感舒适，气候度假全年适宜。

（2）气候不利条件总体偏轻，宜居宜游宜养

太原市区年强风日数较少，常年处于低影响；高温、寒冷、年大雨以上强降雨、静风、沙尘日数属于中等影响，气候不利条件优良率占66.7%。太原市城区随着气候的不断变化，高温日数增加，但适宜风日数增加、日照时数也在增加，表明气候变化具有一定的趋利性。预估未来太原市城区气温将缓慢上升，极端高温事件增加、霜冻日数减少；夏季和年平均降水量的变化幅度较小，冬季波动性增加；大雨日数变化不大、连续干旱日数减少。

（3）水质优良，负氧离子充沛，生态环境良好

太原市通过“五策丰水”“五水同治”“五措并举”统筹推进，形成了“一湖点睛、一水中分、九河环绕”的水韵龙城格局。汾河水库水质达标Ⅰ类，城区主要河流湖泊水质达标Ⅱ类以上；空气清新，负氧离子平均浓度达1239个/立方厘米，$PM_{2.5}$浓度、AQI指数呈下降趋势，近5年太原市的空气质量持续改善，空气质量优良率由2018年的47.8%提高到2022年的68.2%，大气自净能力良好。近几年，太原市以创建国家森林城市为抓手，全面加快国土绿化步伐，城区的带状公园、绿地不断增加，森林覆盖率达24.2%，气候生态环境佳。

（4）气象景观旖旎绚丽，地形地貌瑰丽壮观

太原市区四季分明，夏无酷暑，冬无严寒，东、北、西三面环山，汾河纵贯市区，形成三山环抱、一水中分的水韵龙城格局，独特的气候和自然地理条件形成了四季丰富多样的气象景观，夏秋季天龙山常云雾缭绕，可见大气磅礴的云海；冬季在海拔较高的山区，可以欣赏到自然奇景雪凇、雾凇等；晴朗的傍晚，在市区常能见到绚丽多彩的晚霞。太原市城区

自然生态资源多样，奇峰、河湖、林草、温泉、溶洞等均有囊括；人文历史底蕴深厚，名山、石窟、寺院、庙宇、古建筑、名人故居、历史文化纪念地等遍布其中，既有国家4A级景区晋祠风景区、蒙山大佛风景区、太原汾河公园景区、太原植物园，也有天龙山石窟、永祚寺双塔、山西博物院、太原晋商博物馆等人文历史景观。太原宜居的气候、优良的生态、优美的自然景观、深厚的历史底蕴尽藏于2500年锦绣龙城中。

7.2 建议

依据本章7.1节气候评估核心结论，围绕太原市生态文明建设、气候资源利用与保护、气象灾害风险管理、生态资源绿色可持续发展等问题，提出如下建议：

（1）聚焦生态文明建设，推进循环绿色低碳发展

坚持以习近平生态文明思想为指引，牢固树立“绿水青山就是金山银山”的理念，坚持治山治水治气治城一体推进，打好“蓝天、碧水、净土”保卫战，综合防治固废污染，全面推进生态文明建设，助力碳达峰碳中和，推动节能减排，发展循环经济，加强资源利用，不断提升绿色低碳发展水平，推进经济社会发展全面绿色转型，全面再现“锦绣太原城”盛景。

（2）依托气候资源优势，助力宜居气候资源开发保护

以创建气候宜居城市为载体，将气候资源优势转化为绿色生态发展红利。依托太原优质气候生态资源，开展精细化生态旅游气候资源区划研究，科学制定气候宜居宜业、宜养宜游等生态经济发展规划，因地制宜，在城市开发建设中充分考虑气候特色资源、气候承载能力和生态系统功能，科学制定发展规划，着力发展具有当地气候特色的生态经济。

（3）发挥气候生态品牌示范效应，助推省会太原高质量发展

充分挖掘气候生态资源优势，发挥气候生态品牌效应，利用太原市

城区的地域特色和优势，进一步提升优化宜居环境，为地方带来更大的社会效益和经济效益。借助融媒体矩阵，加强气候宜居品牌宣传，营造共建共荣、共创共享的浓厚氛围和示范效应；健全宜居康养服务体系建设，提升宜居宜游服务质量与水平，立足市区优越生态环境、丰富自然资源和突出文旅元素，打造主题特色鲜明的宜居宜游宜养特色品牌；在气候生态资源开发过程中，积极适应气候变化，加强极端天气气候事件的风险管理和灾害防范，提高气象灾害监测预警、风险管理、应急处置能力，提高全社会防灾减灾意识和气象灾害防御水平，减轻气象灾害对社会经济发展的影响，助推省会太原高质量发展。

参考文献

环境保护部科技标准司，2012. 环境空气质量标准：GB 3095—2012[S]. 北京：中国环境科学出版社 .

李雪铭，刘敬华，2003. 我国主要城市人居环境适宜居住的气候因子综合评价 [J]. 经济地理，23(5):656-660.

刘文平，刘月丽，安炜，等，2011. 山西省近 48a 来人体舒适度变化分析 [J]. 干旱区资源与环境，25(3):92-95.

全国气候与气候变化标准化技术委员会，2020. 气候资源评价 气候宜居城镇：QX/T 570—2020[S]. 北京：气象出版社 .

全国气候与气候变化标准化技术委员会，2022. 气候季节划分：GB/T 42074—2022[S]. 北京：中国标准出版社 .

全国气象防灾减灾标准化技术委员会，2011. 人居环境气候舒适度评价：GB/T 27963—2011[S]. 北京：中国标准出版社 .

全国气象防灾减灾标准化技术委员会，2012. 风力等级：GB/T 28591—2012[S]. 北京：中国标准出版社 .

全国气象防灾减灾标准化技术委员会，2017. 大气自净能力等级：GB/T 34299—2017[S]. 北京：中国标准出版社 .

全国气象防灾减灾标准化技术委员会，2017. 沙尘天气等级：GB/T 20480—2017[S]. 北京：中国标准出版社 .

王秀兰，吴亚琪，王秀芬，2013. 气候变化对山西省旅游气候舒适度的影响分析 [J]. 山西师范大学学报（自然科学版），27(3):106-113.

吴兑，2003. 多种人体舒适度预报公式讨论 [J]. 气象科技，31(6): 370-372.

中国气象局政策法规司，2007. 地面气象观测规范第 4 部分：天气现象观测：QX/T 48—2007[S]. 北京：气象出版社 .

DANIEL SCOTT, MICHELLE RUTTY, BAS AMELUNG, et al, 2016. An Inter-Comparison of the Holiday Climate Index (HCI) and the Tourism Climate Index (TCI) in Europe[J]. Atmosphere, 7(6)：80.

MIECZKOWSKI Z, 1985. The Tourism Climatic Index: A Method of Evaluating World Climates for Tourism[J]. Canadian Geographer,29(3): 220-233.

TANG, MANTAO, 2013. Comparing the 'Tourism Climate Index' and 'Holiday Climate Index' in Major European Urban Destinations [J]. University of Waterloo in fulfillment of the thesis requirement for the degree of Master of Environmental Studies.